JN256751

行動情報処理

自動運転システムとの共生を目指して

武田一哉［著］

コーディネーター　土井美和子

KYORITSU
Smart
Selection

共立スマートセレクション
6

共立出版

共立スマートセレクション（情報系分野）

企画委員会

西尾章治郎（委員長）

喜連川　優（委　員）

原　　隆浩（委　員）

本書は，本企画委員会によって企画立案されました．

まえがき

筆者は1985年に大学院を修了して以来，音声や音響信号の情報処理技術を研究してきました．研究対象を人間の行動に拡大した直接のきっかけは，1999年に板倉文忠先生（現 名大名誉教授）が大型の研究予算を獲得されたことでした．筆者ら若手教員が思い切って新しいことに取り組めるような，研究資金の配分を受けることができたのです．

当時助手だった河口信夫先生（現 名大教授）の「車を作って運転中の音声と行動のデータを集めよう」という提案で，車内の音声・映像と運転行動に関するデータを集めるプロジェクトがスタートしました．思い起こせば，筆者の大学院生時代は故 池谷和夫先生の指導の下，環境騒音のデータ収集のために名古屋市内を走り回ったり，大学院修了後は発足間もない国際電気通信基礎技術研究所（ATR）で研究用日本語音声データベースの構築に携わったりなど，データの収集とは縁が深かったのですが，これに運転行動データの収集が加わったわけです．

1999年に運転行動データの収集プロジェクトを開始して以来，様々な条件の下で継続してデータ収集を行うとともに，収集したデータを活用して「行動情報処理」の研究を行ってきました．2004年には新しい実験車両を導入し，運転中の人間の生理的な状態の計測を始めました．2005年から3年間は日米欧の研究者が協力して運転行動データを集め，それぞれのデータを比較分析するプロジェクトを行いました．2008年からは，危険な運転を検出し，運転者を教育するシステムの開発に参加しました．2011 年からは，自動運転システムや振り込め詐欺に対する「過信」に伴う行動の研究を行いました．さらに，2015 年からは，自動運転が可能な実験車両を用いて，高精度な環境情報を研究に活用するようになりました．

この間，収集したデータの解析方法や解析結果の応用に関して，機械工学や認知科学を始めとする様々な分野の先生方，多くの企業の方々と共同で研究を進める機会もいただきました．

ここ数年，大規模データ解析を活用した行動情報処理の研究が「ビッグデータ」の応用領域として注目を集めています．特に，人間の模範的な運転を再現する技術は「自動運転システム」の中心的な課題と認識されています．今後，行動情報処理の研究は大きく発展することでしょう．

このような中で，そろそろ行動情報処理の研究をまとめておきたいという気持ちでいた時，本書執筆のお話をいただいたことは大変幸運でした．思った以上に時間がかかってしまいましたが，なんとかまとまった原稿にすることができたのは，多くの方々のご助力のおかげです．この場を借りて，お世話になった方々に感謝の気持ちをお伝えしたいと思います．

何より，執筆の機会を与えてくださった土井美和子先生と共立出版の方々に感謝いたします．そして，長年にわたり共に運転行動を研究してきた宮島千代美先生を始め，多くの同僚，諸先生，学生諸君に感謝いたします．何不自由ない研究環境を与えてくださった板倉文忠先生，「車をやろう」と言い出した河口信夫先生，データ収集に付き合っていただいた John Hansen 先生，研究提案の議論から着想を引き出していただいた鈴木達也先生，三輪和久先生，振り込め詐欺誘引通話検出プロジェクトに誘っていただいた松尾直司氏（富士通研究所）に感謝いたします．

ご支援いただいた研究プログラム，（NEDO グラント，総務省 SCOPE，JST/CREST，JSPS/科研費）に関係する方々，共同研究・委託研究を協力して進めた企業の担当者の方々に感謝いたします．SCOPE と CREST のプロジェクトを通じて，研究を絶えず支援してくださった故 東倉洋一先生にはぜひ生前に本書をお届けしたかったです．

研究を進めるにあたり，名古屋大学は常に快適な研究環境と刺激的な議論の場を筆者に提供してくれました．この良き伝統を打ち立て，守り続けてくれた先輩や産業界の皆様に感謝いたします．本書の出版が，その伝統の継承にほんの少しでも役立てることを心から願っています．

そして本書の大部分は，カフェのテーブルにて執筆されました．創造的な世界に身を置いてくれる，1 杯のコーヒーと音楽と喧噪を心から愛しています．世界中のカフェの店員の皆様に感謝いたします．

2015 年 7 月

サボール・イスタンブール店にて

武田　哉

目　次

① 行動情報処理とは …… 1

1.1 行動，知能，データ　1
1.2 行動情報処理の例　7
1.3 行動情報処理の関連分野　11

② 行動情報処理のための基礎知識 …… 13

2.1 信号と情報　13
2.2 離散時間信号と離散時間システム　14
2.3 信号の予測　18
2.4 信号の分類　20
2.5 微分方程式と相平面　23
2.6 因果関係，条件つき確率，ベイズの定理　25

③ 行動から個性を知る …… 30

3.1 入出力の関係から個性を知る　32
3.2 行動の傾向を把握する　34
3.3 誰の行動かを認識する（ドライバー認識）　40

④ 行動を予測する …… 45

4.1 データから行動を予測する　45
4.2 運転行動の生成　47
4.3 より複雑な行動への拡張　54

⑤ 行動から人の状態を推定する …… 57

5.1 人間の行動を多入力・多出力のシステムとして考える　57

5.2 イライラ運転検出システム　58

⑥ 行動情報処理の応用 ………………………… 65

6.1 自動運転システムとの共生のために　65
6.2 視行動から周辺環境への意識を把握する　66
6.3 自動運転システムへの過信とは　71
6.4 行動情報処理により過信を検出する　76

参考文献 ………………………… 79

あとがき ………………………… 81

人間の行動にコンピューターで迫る
（コーディネーター　土井美和子）………………………… 83

索　　引 ………………………… 90

1

行動情報処理とは

1.1 行動，知能，データ

「コンピューターに私たちの行動が理解できるか？」

この問いに答えることは容易ではありません．何ができれば行動を理解したことになるかは，とても難しい問題です．私たちは毎日，眠ったり，食べたり，歩いたり，読んだり，書いたり，話したり…，様々な行動をしながら生活しています．しかし，日々の暮らしの中で「自分は今何をしているのか？」と意識することは少ないと思います．自分にはごく自然なことでも，他人に説明するのは難しいことはたくさんあります．

それゆえ，「行動」は人間を理解するための重要な手がかりなのです．心理学では人間の心理について行動を通じて研究する「行動主義」という考え方や研究方法が古くから発達しています[1]．人間が自分自身を省みる「内観」に基づく方法に対して，客観的な観測が行えて，再現性を持って仮説を検証できることが行動主義の優れた点です．心理学を「行動科学」と呼ぶことが提唱された時期もあるほど，行動主義は人間理解に大きな影響を与えました．

一方，行動に至る思考の過程を分析的に説明できなくては行動を理解したことにはならないという考えから，「認知科学」として知られる研究分野が創られました．つまり，「行動を観察して仮説を検証する」こと以上に，人間の行動を「基本的な機能を組み合わせて，仕組みとして説明する」ことに価値があるという考え方です（このように，一見対立するような異なるアプローチで研究が進められることは，科学の発達にとって大変重要なことだと思います）．

近年のコンピューター科学の発展に伴い，認知科学分野では，分析結果に基づいて思考過程を基本的な機能の組み合わせで模擬し，これによって生成される行動を通じて仮説検証を行う，実証的なアプローチが取られています．

ところで，上に述べた研究は，行動を「認知」や「判断」といった人間の知的機能の観点から理解しようとする試みです．一方で人間の行動には，「運動」や「生理」といった物理学的・化学的原理により説明される要素も含まれます．

1940 年にノーバート・ウィーナーは，生命・機械・社会に跨る物理数学の集大成として，『サイバネティックス』を刊行しました [2]．そこでは人間の行動を数理的に考える方法論が議論されています．

このように，行動は様々な観点から研究されてきました．行動主義心理学や『サイバネティックス』に関する解説書も数多く刊行されています．それにもかかわらず行動情報処理を研究する理由は，行動主義心理学やサイバネティックスから半世紀を経て，科学の方法論が大きく変質しつつあることが背景にあります．

『サイバネティックス』では，例えば「微分方程式を高速に解く」

ことが，人工的な知能の働きの象徴として紹介されています．しかし現代の情報技術では，「東大入試を突破する」ことや「自律的に車を走らせる」こと，つまり，より人間の生活に近い意味での知能を実現することが可能となりつつあります．

このような知能処理の質的変革を可能にしたのは，膨大な量の実例（過去の入試問題や大量の運転記録）をデジタルデータとして保存し，そしてデータを知識源として活用することができるようになったことです．この方法論に基づく科学は，しばしば**データ中心科学**（Data Centric Science）と呼ばれます．そして，このような科学の方法論の変革をキャッチフレーズにすると，「デカルトからグーグルへ」ということでしょうか．

このような方法論の変革は，私たちの住む世界や私たち自身を理解する原理や世界観に大きな影響を与えつつあります．知能が「学習」により獲得されるものだとすれば，学習する機械を作ることによって「知能の獲得」が可能となるはずです．そして今や，人間の一生に相当する生活記憶や，場合によっては遺伝的記憶にも匹敵するような大量なデータが存在するわけであり，学習する機械にこのデータを与えることで，人間の知能に相当する知能やそれを超える知能をコンピューターに実装することが可能となります．

このことは，観測可能な行動（＝データ）によって，人間の知能機能が理解できる，つまり，行動主義の人間理解と認知主義の人間理解の両者が一体となった知能の創出を可能にすることを意味するとも考えられます．

増え続ける行動データ

人間の行動は様々な方法で観測されます．行動の研究において，音や映像データを使って行動を記録することは，古くから主要な手

(a) 遠隔監視型の行動計測装置（マイクロソフト社）

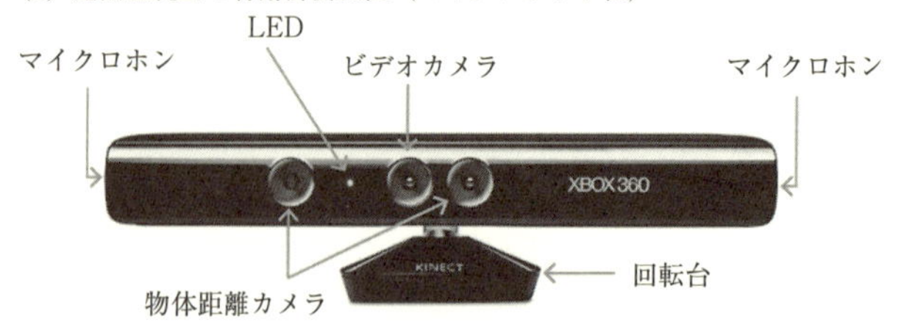

(b) 装着型の行動計測装置（アップル社）

図 1.1　行動計測装置.

出典：(a) http://www.xbox.com/ja-JP/xbox360/accessories/kinect/kinectforxbox360
(b) http://www.apple.com/jp/shop/buy-watch/apple-watch-sport

段でした．これは視覚と聴覚が人間にとって最も基本的な感覚であることからも，自然なことです．

近年では，離れた場所から音声や映像，物体までの距離を同時に取得する装置も開発され，ゲームを始め，様々な情報機器の入力手段として活用されています．ここではこのような行動の観測方法を遠隔監視型（**図 1.1** (a)）と呼ぶことにします．

行動を観測するにあたって，スマートフォンの出現は画期的でした．マイクやカメラはもちろん，位置情報（GPS），環境情報（気温，気圧，磁気），動き情報（加速度や回転加速度）を一度に計測できる装置を，多くの人が持ち歩けるようになったからです．さらに最近では，時計のように日常的に装着することが可能な装置によって心拍や脈拍を計測できるようになり，これを活用した様々なアプリケーションが実現されるに至っています．このような行動の観測方法を装着型（図 1.1（b））と呼ぶことにします．

装着型の行動計測装置は，長時間連続して個人の行動を観測することが可能であり，心拍や脈拍のような生理量を安定して計測することができるという大きな利点があります．一方，体の周囲の限られた範囲しか観測できないため，行動がどのような環境の下で行われているのかを観測するのが難しい，という問題があります．

遠隔監視型の行動計測装置では，環境と行動とを同時に計測することが可能ですが，個人のデータを連続的に追い続けることは容易ではありません．

これら 2 つの観測方法を結びつける方法として，「位置情報」の活用に期待が集まっていますが，GPS が使えない室内では位置取得が難しいこともあり，装着型と遠隔監視型を統合する一般的な方法は整備されていないのが現状です．

本書では，行動を「与えられた環境に対する個人の振る舞い」と考えますが，上述したような理由から，日常生活の中で「環境」と「振る舞い」を同時に計測し続けることは容易ではありません．これまでの研究では，部屋の中にたくさんのセンサーを設置して連続的に遠隔監視型のデータ取得を行うことによって，限られた環境の下での振る舞いを記録する試みなどが行われていました．

そのような観測の困難さを考えると，本書の後半で中心的に議論する自動車の運転は，行動の研究に極めて適した題材であることがわかります．なぜならば，自動車の運転に関してであれば，環境と「振る舞い」の双方を長時間連続で観測することが比較的容易であるからです．

運転者は運転席に座り，ハンドルやアクセル，ブレーキを操作し続けるので，「振る舞い」を長時間連続に取得することは容易です．

また自動車は，カメラやレーダーを使って遠隔監視型の計測を行いながら，様々な環境の中を移動します．計測装置や記録装置を，電池の寿命を気にすることなく長時間動作させ続けられるのも自動車内ならば可能です．

すなわち，「様々な環境の下での振る舞い」を大量に記録し，データ中心科学の方法論を適用することが，自動車の運転行動では可能なのです（第3章の図3.7でこのような計測を行う実験車両を解説します）．

システムに基づく行動理解

本書では，人の生活活動の根本である「行動」を，データ中心科学として捉える新しい技術，「行動情報処理」を解説します．また本書では，人間を入力に応じて何かを出力する仕組みとして捉える立場に立ちます（このような仕組みは，しばしば「**システム**」と呼ばれます）．つまり，行動の原因をシステムへの入力情報，行動の結果をシステムからの出力情報と考えて，入力情報と出力情報との関係を解析することで，行動が理解できると考えます．この立場を「システムに基づく行動理解」と呼ぶことにします（**図1.2**）．

さらに本書では，行動を「認知・判断・動作」の総体と考えます（ここで「認知・判断・動作」における「認知」とは，視覚や聴覚によって外界の状況を把握する機能のことです．「認知科学」における「認知」に比べて狭い意味で使っているので注意してください）．例えばWebページを閲覧していて，素敵な洋服の広告を見つけ，その広告へのリンクをクリックする場合，広告の写真を見て購入することを決めるのが「認知・判断」で，購入を決めてリンクをクリックするのが「判断・動作」となります．

人間は「認知・判断」を経て，映像や音のような連続的な情報

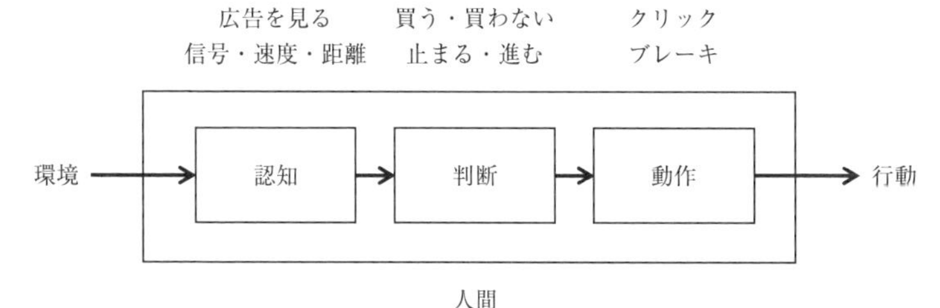

図 1.2　システムに基づく行動理解．人間の行動を，環境を観測して得られる情報を入力情報，行動を観測して得られる情報を出力情報，とする仕組み（= システム）を通じて考える．

を，「行動する・しない」のような離散的な状態に変換します．一方，「判断・動作」の過程では，離散的な状態を再度，クリックのような連続的な動きに変換します．システムに基づく行動理解では，このように連続と離散に跨る情報を扱う方法も重要な問題になります．

本書では，行動に関わるデータを大量に収集することが可能になりつつあることを前提に，データ中心科学の方法論を使って，行動を予測したり，行動に内在する人間の個性・状態・意識を理解したりできることについて解説します．

1.2 行動情報処理の例

本節では，行動情報処理の一例として，筆者らが取り組んでいる「振り込め詐欺誘引通話」の検出技術を紹介します [3]．「振り込め詐欺誘引通話」というのは，親族などを装って行われる「事故に遭ったため今すぐお金が必要なので，振り込んで欲しい」といった類の詐欺の電話通話です（長い言葉なので，これ以降は「詐欺通話」と省略します）．

被害者にはお年寄りが多く，しばらく会っていない息子や孫などを騙った「大変なことになった．助けて，今すぐお金が必要」などという電話に，気が動転して相手の言うことを鵜呑みにしてしまい，大金をだまし取られる，といった事件が後を絶たない状況です．

このような犯罪を未然に防ぐためには，情報技術を活用する方法があるはずです．犯人と「会話する」という行動をコンピューターで処理することにより，詐欺通話を通常の会話と区別して検出することは，行動情報処理の重要な応用分野であると筆者らは考えました．詐欺通話は被害者と身近に接している第三者が聞けば，すぐに不審を感じる会話です．そこで，その通常とは異なる会話をコンピューターが理解して検出できるような技術を作ることを目指しました．

筆者らが注目したのは「会話の内容」と「話し方」でした．詐欺通話には「賠償金」や「示談金」のような，日常的にはあまり使わない言葉が使われているはずです．そこで，このような言葉が会話の内容に多く含まれていないかを調べることが，詐欺通話の検出に有効と考えました．また多くの場合，被害者は気が動転してしまい，声が上ずったり，相手が言うことをただ聴くだけの一方的な会話になったりします．このような話し方の変化も重要な手がかりと考えました．

筆者らの研究では，詐欺通話の第一の特徴である「会話の内容」の分析に音声認識技術を使うことにしました．音声に特定の言葉が含まれるかどうかを検出する**ワードスポッティング**という処理を行い，特殊な単語が使われた回数を数えました．

音声認識技術の向上により，音声を文書に変換する精度はかなり高くなっていますし，コンピューターは文書を処理することが得意です．Web 上に大量に存在する文書群から，検索用語に関係する文書を瞬時に検索することも当たり前になっています．特定の単語の出現を数えることは，コンピューターによる処理に適した行動の解析方法です．

一方，「話し方の変化」の検出はどうでしょうか．「相手に相槌を打つばかりで，自分が話す回数が減る」といった変化は比較的容易に検出できますが，「声が上ずる」といった変化を検出することは容易ではありません．そもそも「普通の声の“あ”」と「上ずった声の“あ”」の音の違いよりも，「普通の声の“あ”」と「普通の声の“い”」の音の違いの方が大きいでしょう．

人間は話す内容と話し方を自然に区別して「何をどのように話したか」を理解できますが，声をどのように処理すれば「何を」と「どのように」が分離できるのでしょうか．コンピューターには難しい問題です．さらに「上ずった声」の特徴は人によって随分違うことも考えられます．

そこで，この研究では「何を」と「どのように」がそれぞれ「口の構え」と「声帯の振動」で決まると仮定し，音声から声帯の振動だけを取り出すことで，上ずった声を検出することにしました．口の構えと声帯の振動を様々に変化させることで，音声が形作られます．声帯の振動の結果が，口の構えを経て，音声として出力される過程を表したのが**図 1.3** です．

声の「高さ」や「大きさ」，つまり「どのように」話すかは主に声帯の振動で決まります．一方，「何を」話すかは口の構えで決まります．「どのように」だけを取り出すには，音声から声帯の振動の様子を推定することが有効と考えられます．筆者らは以前，この声帯の振動の分析方法について，「誰が話しているか」を認識（話者認識）する技術のために研究したことがあり，今回もその方法を利用できることが確認できました．

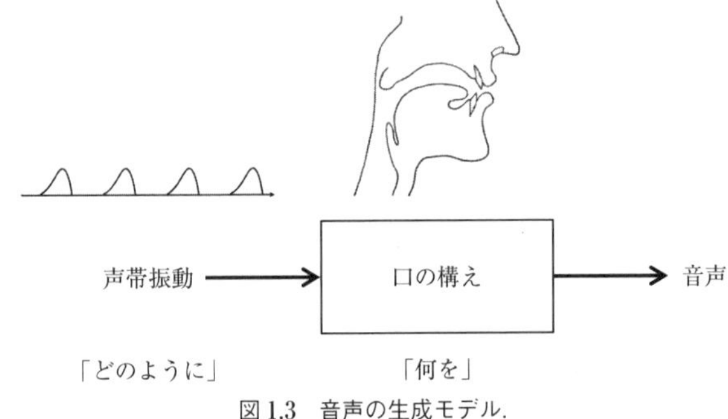

図 1.3　音声の生成モデル.

そして最終的には 2 つの技術を用いて,「話す内容」と「話し方」の 2 つの観点から通常の行動との違いを得点化し，2 つの得点を組み合わせることで詐欺通話の検出を行う，というシステムを作りました.

すなわち，この研究を要約すると

(1) 行動を観測してデータを取得する.
(2) 行動の仕組みに照らして，取得したデータから行動を特徴づける量を計算する.
(3) 計算結果を通常の行動と比較して，行動の変化を検出する.

の 3 段階（データの取得，データの解析，解析結果の利用）に分類することができます.

これは多くの行動情報処理システムに共通する性質です.(1) のデータ取得については，前節で述べたように，腕時計のような日常的に体に装着する機器や，心拍や脈拍のような生理量を計測する機器など，日々新しい機器が開発され日進月歩の状態です.

そこで，本書では (2) と (3) を中心に解説することにします．例えば (2) に関して，第 3 章では行動の個性（＝その人らしさ）を特徴づける量の計算方法を解説します．(3) に関しては，第 5 章では運転中の「イライラ」状態の検出方法を，第 6 章では自動運転に対する過信状態の検出方法を解説します．

この研究で開発した技術によって，研究用のデータに対してであれば，90% 程度の精度で詐欺通話を検出できることがわかりました（実際の犯罪時の音声は入手が困難なので，開発・評価には犯罪状況を模擬した音声を利用しました）．警察と金融機関が協力して詐欺通話の検出と自動通報の実験を行うなど，現在この技術は電機メーカーによって実用化に向けた開発がさらに進められています．

詐欺通話の会話のような行動の変化は，身近な人が見れば「様子がおかしい」とすぐに気づくような変化です．しかし，高齢化に伴って一人暮らしのお年寄りが増えたこともあり，このような犯罪は増加傾向にあるようです．「詐欺通話検出機能付き電話」のように行動情報処理を応用した，人間の行動を見守り，支援する情報技術は，これからの社会で大変重要になるでしょう．

一方でまた，プライバシー保護（社会受容度）や詐欺通話の検出結果をどのように犯罪抑止に利用するか（社会制度）など，技術以外にも多くの重要な問題があります．行動情報処理は，このような社会的な視点からの議論と歩調を合わせて研究されることが重要です．

1.3 行動情報処理の関連分野

本書では，2000 年頃から筆者が在籍する研究室で行われてきた研究を取り上げつつ，行動情報処理を解説します．これらの研究には，延べ 50 名以上の教員や研究員，大学院生が参加しました．このような大きな規模の研究を継続して進める原動力となったのは，様々な研究分野の方々との議論から得られた刺激と着想でした．つまり，行動情報処理は様々な研究分野と関連しているのです．

行動情報処理は人間の振る舞いを研究対象にしており，機械工学と関係しています．機械工学では，ロボットのような複雑な機械や，自動車のように人間を系に含む機械を「思い通りに動かす」ことが重要な研究課題です．そのためには人間の行動を数式として表現する必要があり，このことは行動情報処理の研究との共通点といえます．本書の第4章では「行動を予測する」方法を解説しますが，そこで紹介する研究の出発点は，機械工学分野で発達してきた考え方をデータ中心科学の方法に置き換えることでした．

行動情報処理は認知科学とも深く関係しています．本書の第5章と第6章では，行動から「人間の状態」を推定する方法を解説します．これらの章では，人間の状態の変化を検出するための，データの分析方法を紹介します．一方，認知科学では，そもそも人間の状態が変化するのは「どのような心の働きによるか」という仮説を立て，コンピューターを使って仮説を検証します．この心の働きに関する仮説は，データの分析方法の研究にも大きなヒントになります．行動情報処理の研究と認知科学の研究は，ともにコンピューターを活用して，行動という観測可能な手掛かりから人間の内的な状態を研究する，という意味で深いつながりを持っているのです．

行動情報処理のための基礎知識

本章では，なるべく多くの読者に第3章以降を理解して読んでいただくための基礎知識を解説します．もし読者が大学理系学部の基礎的な教程を終えているのであれば，まずは本章を読み飛ばし，第3章以降を読む際に，必要に応じて本章を参照するのでも良いかもしれません．

2.1 信号と情報

私たちの宇宙は4次元であると考えられています．これは，私たちが見たり，聞いたり，感じたりする実世界の情報が，3次元的な場所に時刻を加えた4つの数字に対応づけられる，ということです．例えば「気温」は場所や高度によって変わりますし，時間とともに変動します．「温度」という実世界の情報ξは本来，場所と時間の関数として

$$\xi = \xi(x, y, z, t)$$

などと書くのが正確です．言葉で言えば「北緯 35.17 度，西経 136.92 度，高度 30 m の 2015 年 4 月 12 日午前 9 時の気温」ということでしょうか（今，筆者が「暖かくなってきたな」と感じるのは，名古屋・新栄町のスターバックスの 1 階窓際席の気温が，2015 年 4 月 12 日の午前 9 時 25 分から 10 時 10 分にかけて 1.2 度上昇した，ということに対応するわけです）．

このように，数値化されて時間や場所に関連づけられた実世界の情報を，本書では「**信号**」(signal) と呼ぶことにします．実世界を観測して「信号」を得ることは，実世界から情報を取り出すことに相当します．計測する前は未知であった「特定の時間と場所の温度」が計測によって定まったわけであり，私たちは何らかの情報を得られたと考えるのが自然です．

2.2 離散時間信号と離散時間システム

一定時間ごとに繰り返し対象を観測すると，時間とともにその値が変化することがあります．例えば，**図 2.1** (a) のように，点 A から出発して直線上を速度 0.2(m/秒) で移動している物体の位置 x を 1 秒ごとに観測すると，その時々の位置，つまり原点 O からの距離 (m) は，

$$\{1.2,\ 1.4,\ 1.6,\ 1.8,\ \cdots\}$$

のように数列として得られます．この数列を大カッコ ([]) を使って観測の順序と対応づけて，$x[1]=1.2$, $x[2]=1.4$, $x[3]=1.6$, $\cdots$ のように表記することにします．n 回目に観測した時には，物体の位置は $1.2+0.2(n-1)$(m) にあるはずです（図 2.1 (b)）．これは数列 $x[n]$ の一般項が，$1.2+0.2(n-1)$（初項 1.2 m，公差 0.2 m の等差数列）で与えられることに対応づけられます．つまり，物体の動

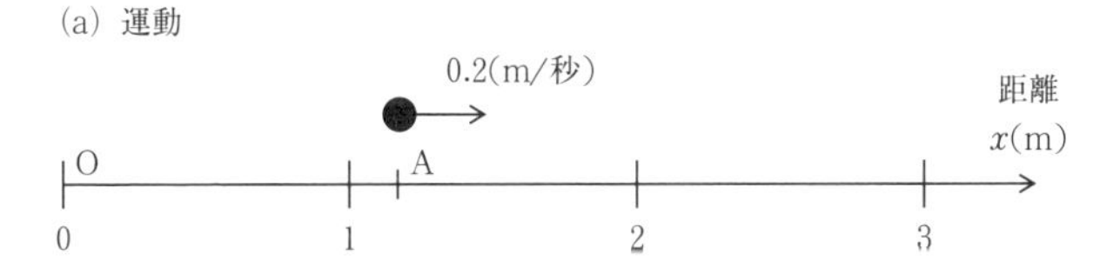

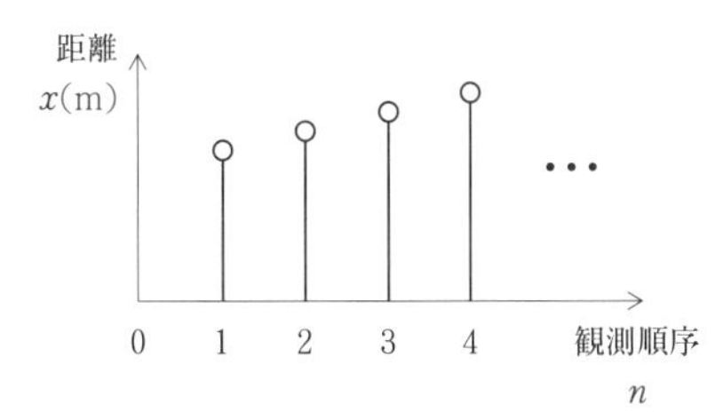

図 2.1　等速直線運動する物体の位置.

きに関する「情報」を「数列」で表せることがわかります.

このように,「信号」は観測対象の情報を特徴づける数列と考えることもできます. 数列なので複数の数値が順序づけられて与えられるわけですが, 上述したような, その順序が時間に対応する場合を「**離散時間信号**」と呼びます. 本書では特に断りのない限り,「信号」は「離散時間信号」を意味することにします.

次に, ある情報から新しい情報が派生する過程を「信号」を使って考えましょう. 物体の動く速度 (m/秒) は, 1 秒間に移動する距離 (m) を意味します. 上の例の場合, 観測は 1 秒ごとに行われるので, 位置の信号 $x[n]$ から, 速度の信号 $y[n]$ を次式により計算することができます.

$$y[n] = x[n] - x[n-1]$$

この式は信号 $x[n]$ から新たな信号 $y[n]$ が派生する過程を表してい

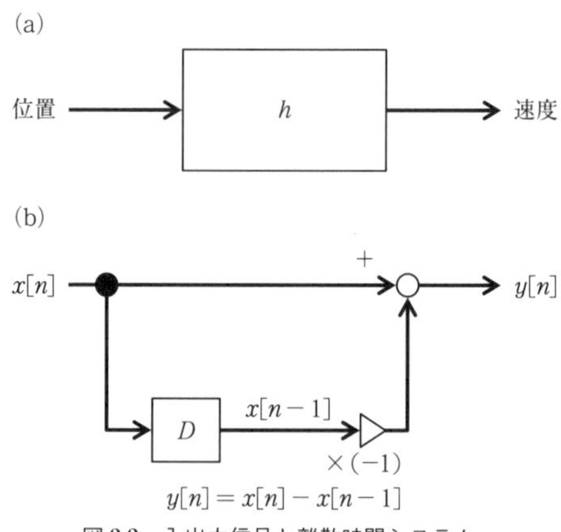

図 2.2　入出力信号と離散時間システム.

ます. このような $x[n]$ と $y[n]$ との関係を, **図 2.2** (a) のように表すことができます. 信号 $x[n]$ が箱 h に入力されると信号 $y[n]$ が出力されるという関係から, $x[n]$ を入力信号, $y[n]$ を出力信号, 入力信号と出力信号とを関係づける箱を, 1.1 節で述べた「システム」と呼ぶことにします. この例の場合, システムの働きは以下のように理解することができます.

(1) 入力 $x[n]$ をいったん保存する.
(2) 次の入力 $x[n]$ が入力されたら, いったん保存した一時刻前の入力 $x[n-1]$ を入力 $x[n]$ から差し引く.
(3) 上の結果を $y[n]$ として出力する.

このアルゴリズムは図 2.2 (b) のように, 遅延素子 (D), 合流 (+), 定数倍 (×) を使った信号の流れで記述することができます. 遅延素子とは, 入力信号をいったん保存して, 次の時刻に出力する素子です.

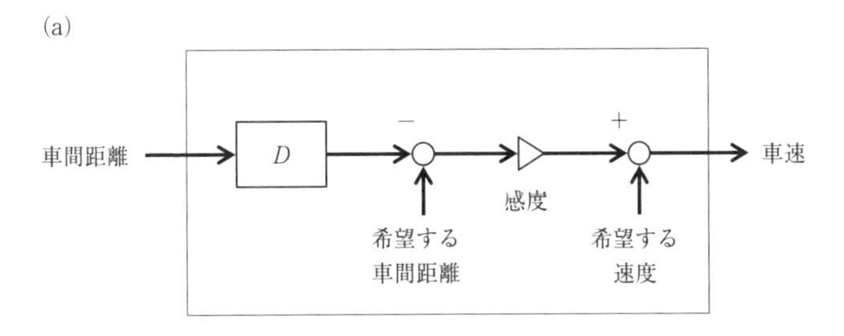

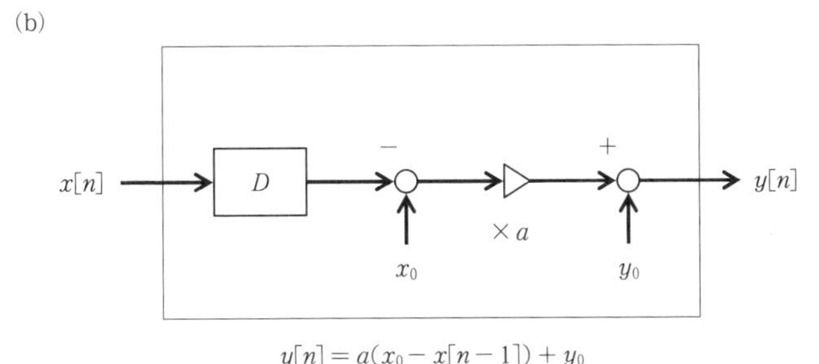

$$y[n]=a(x_0-x[n-1])+y_0$$

図 2.3　先行車に追従する運転行動（a）と対応するシステム（b）.

離散時間信号と離散時間システムを使って人間の行動を考えてみましょう．例えば，前方の自動車を追いかけて運転する状況をこのシステムで考えてみます．まず，前方の自動車までの車間距離を時間とともに観測した信号を $x[n]$ とします．一方，（具体的な運転行動であるアクセル・ブレーキ操作の結果である）速度を時間とともに観測した信号を $y[n]$ とします．

運転者は（信号や速度制限のような要因がないならば）自分が望む車間距離 x_0(m) を保って，望む速度 y_0(m/秒) で走行したいと思います．その時，一時刻前の車間距離が所望の車間距離 x_0 よりも大きい時には y_0 よりも速く，x_0 よりも小さい時には y_0 よりも遅く走行するのではないでしょうか．この運転行動と車間距離との関係は

$$y[n] = a(x_0 - x[n-1]) + y_0$$

のように表現することができます．これは，**図 2.3** のようなシステムに対応づけられます．

このように，人間の行動を信号に対応づけることで，与えられた状況における人間の振る舞いを，数理的に解析することが可能になります．

次節以降では，システムの振る舞いを数理的に解析する技術である信号処理理論を活用して，人間の行動を情報処理するための基本となる考え方を紹介します．信号処理理論については多くの優れた教科書（例えば[4]）が出版されているので，興味を持たれた読者はより深く勉強してください．

2.3 信号の予測

前節で考えたように，信号は順序づけられた数値であり，順序に沿った数値の変化によって性質づけられます．例えば，等差数列や等比数列の性質を学んだことがある読者も多いと思います．このような性質を利用することで，例えば未来の信号を予測することも可能になります．

前節で議論した，位置情報に対応する信号 $x[n]$ には，観測に伴う誤差が含まれることが普通です．誤差が大きい場合，実際の位置に関わらず，観測された信号 $x[n]$ は例えば**図 2.4** のように，一見規則性がないように見えるかもしれません．

$$\{0.67,\ 1.48,\ 1.96,\ 2.42,\ \cdots\}$$

実際の観測信号には観測誤差が伴うため，一見不規則に見える数列から観測による雑音を取り除き，有用な情報を取り出すことがと

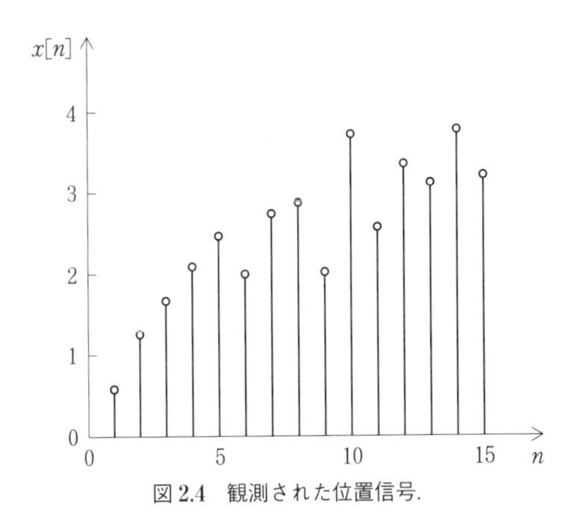

図 2.4　観測された位置信号.

ても大切です．雑音を取り除くことで，信号が等差数列であることを見極められれば，等差数列の公式を使って将来を予測することができます．

信号の予測とは，時刻 n において，それまで観測されている信号 $x[1], \cdots, x[n]$ を使って，将来の値（例えば 1 秒先の値，$x[n+1]$）を推測する処理です．もちろん，この信号が等速で移動する物体の位置を表す信号であることがわかっていれば，1 秒先の位置は現在の位置から容易に計算できます．ところが，人間の行動は複雑であり，観測には誤差が含まれるため，信号を単純な等差数列として扱うことは適当ではありません．

つまり，具体的な問題として私たちが直面するのは，一見すると規則性が見られないような信号から，その背景にある規則を見出すことで，信号の将来を予測したり，信号が生み出される仕組みを理解したりする処理です．このような操作はデータ中心科学の一分野です．数学の問題として考えると，信号 $x[n]$ を n の関数として記述することが本質的な問題となります．

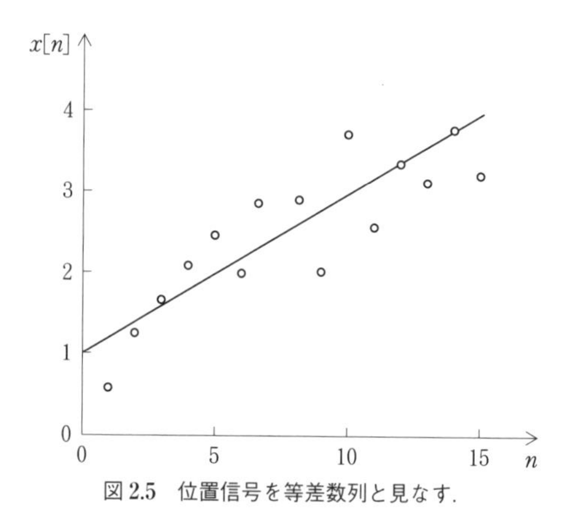

図 2.5　位置信号を等差数列と見なす．

最も単純な予測の方法は，信号が等差数列であると仮定した上で，その初項 $x[1]$ と公差（隣接する項間の差）d を推定することでしょう．このような予測は**線形回帰**による予測と呼ばれます．

初項や公差は，実際の信号 $x[n]$ と等差数列の一般項 $\{x[1] + d(n-1)\}$ とが極力一致するように求めるのが普通ですが，比較的簡単な数式で計算できることが知られています．例えば**図 2.5** のデータに線形回帰の方法を適用した場合，

$$x[n] = 1.0 + 0.2\,n$$

が一般項となります．この $x[n]$ と n の関係は，図中では直線で表現できます．

2.4 信号の分類

第 1 章では，詐欺通話を検出するために「何を話したか」，「どのように話したか」をそれぞれ数値化し，詐欺通話と通常通話を区別しました．本節では，このように複数の数値を組み合わせて信号を

分類する方法を解説します．

数を分類するのに最も単純な方法は，ある数より大きいか小さいかに従って，数を2つのグループに分けることでしょう．例えば試験結果が60点以上の学生を「合格」，60点未満の学生を「不合格」と分類することは，その一例です．この時の60のように，数を2つのグループに分類する時に使われる数を「**閾値**（しきいち）」と呼びます．

例えば，筆者は半年の講義で3回試験を行うので，学期末にはそれぞれの試験の成績を順番に並べた $\{x[1], x[2], x[3]\}$ という信号が，学生ごとに観測されます．通常，その結果を重みづけて足し合わせることで可否を判定しています．例えば，1回目の試験を20%，2回目を30%，3回目を50%の比率で使うと，

$$0.2 \times x[1] + 0.3 \times x[2] + 0.5 \times x[3] - 60$$

が正またはゼロであれば，この学生は合格と判定されます．

ベクトルとベクトルとの内積（スカラ積．ここでは記号「·」で表します）を使うと，上の式を

$$[0.2 \ \ 0.3 \ \ 0.5]\begin{bmatrix} x[1] \\ x[2] \\ x[3] \end{bmatrix} - 60 = \vec{\boldsymbol{w}} \cdot \vec{\boldsymbol{x}} + b$$

と表現できます．$\vec{\boldsymbol{w}} = (0.2, 0.3, 0.5)$ は重みをベクトルで表現した重みベクトル，$\vec{\boldsymbol{x}} = (x[1], x[2], x[3])$ は信号をベクトルと見なした表現です．

このように，信号 $\boldsymbol{x}$ にある計算を施した結果と閾値とを比べて信号を分類することは，信号の**判別分析**と呼ばれます．上の例では計算方法が $\vec{\boldsymbol{w}} \cdot \vec{\boldsymbol{x}}$ であり，閾値は b になります．特に，上式のように重みベクトル $\vec{\boldsymbol{w}}$ と信号 $\vec{\boldsymbol{x}}$ の内積を取った結果と閾値を比べる場

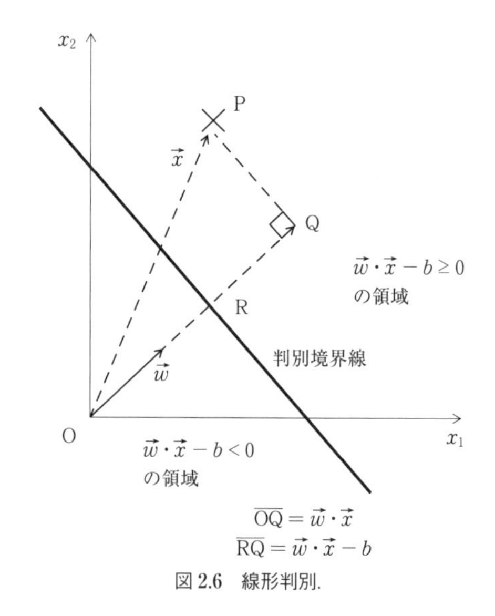

図 2.6　線形判別.

合は**線形判別**と呼ばれ，**図 2.6** のように平面を直線によって 2 つの領域に分割する操作に相当します.

筆者の仕事は再度の履修が必要な学生を見分けることで，そのために最も良さそうな重み w と閾値 b を選んでいます．しかし結果的に，重みづけした合計点が閾値を超えた学生の中にも内容の理解がおぼつかない学生がいますし，その逆の学生もいるかもしれません．この主な原因としては，試験問題が悪いことと，3 回の試験の間の重みづけが適切でないことの 2 つが考えられます.

前者は観測信号（試験の得点）が分類（学生の理解）を正しく反映していないという「計測精度の問題」，後者は観測された信号を評価値に変換する方法が適切でないという「特徴抽出の問題」として一般化できます.

観測された信号と正しい分類結果の組（しばしば**教師データ**と呼

ばれます）を使って，最適な分類方法を機械的に決める方法が，現在盛んに研究されています．これらの研究は**機械学習**と呼ばれる研究分野の一部であり，データ中心科学の中心的研究分野として今後の大きな発展が期待されています．

2.5 微分方程式と相平面

第4章では，自動車の動きを，車間距離や速度に関する信号を通じて解析し，運転行動を予測する問題に取り組みます．その準備として，本節では物体の運動の基本的な解析方法である**微分方程式**について解説します．

微分方程式とは，例えば，質量 m を持つ質点の時刻 t における位置 x と，その時の速度 dx/dt のように，関数と導関数との関係を与える方程式です．

$$\frac{dx}{dt} = g(x)$$

ここでは，x を $x(t)$ のように，連続的な時間 t に対応する信号として考えます．この微分方程式が与えられれば，位置 x から速度 dx/dt が決まるため，

位置が決まる
→ 速度が決まる，
→ 位置と速度から微小時間後の新たな位置が決まる，
→ 新たな位置から新たな速度が決まる，…

のように，任意の時刻における位置を計算することができます．この作業を「微分方程式を解く」といいます．読者の中には，

$$\frac{dx}{dt} = 3x$$

つまり,「速度は位置の 3 倍で与えられる」のように,速度と位置を関係づけた微分方程式を,

$$\int \frac{1}{x} dx = \int 3dt$$

$$\log_e x = 3t + C'$$

$$x(t) = Ce^{3t}$$

のように一般的に解く方法をご存知の方もいると思います.この結果が意味することは,時刻 t における位置 $x(t)$ は,時間に対して指数的に増大するということです.これは,「位置が増えれば増えるほど速度が速くなる」という元の微分方程式の成り立ちから自然に推測される性質だと思います.

ところで,この「位置 → 速度 → 新しい位置」のように,位置と速度がペアとなって変化していく様子を把握することは,動きを伴う現象を特徴づけることに有益です.この様子は,位置を横軸に,速度を縦軸に取ったグラフ(**相平面**)を使って書くと便利です.

例えば,上の微分方程式は,相平面上では直線として表現されます.また振り子の運動のような「**単振動**」は,

$$\frac{d^2x}{dt^2} + x = 0$$

のような 2 階の微分方程式に対応し,その解が

$$x(t) = \cos t$$

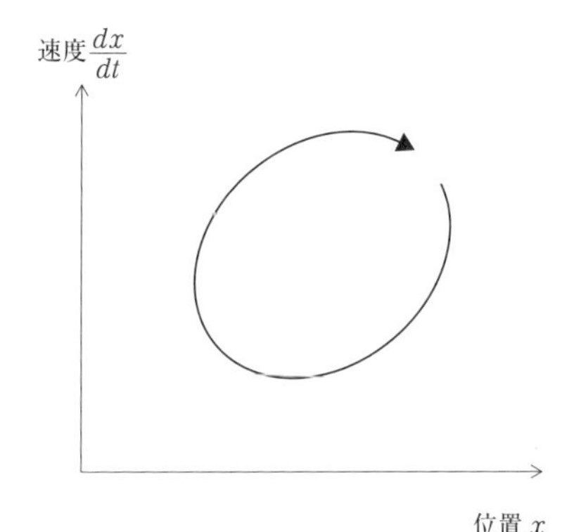

図 2.7　単振動に対応する相平面上の運動軌跡．

$$\frac{dx}{dt} = -\sin t$$

のような正弦関数として与えられることから，座標 $(x, dx/dt)$ で表される点は，時間とともに時計回りに原点の周りを一回りします．点 $(x, dx/dt)$ が時間とともに楕円軌跡を取ることは，振り子やばねのような単振動の重要な特徴です（図 2.7）．

このように，位置を横軸で，速度を縦軸で表した平面は相平面と呼ばれ，相平面上での点 $(x, dx/dt)$ の軌跡は，x の時間変化に関する性質を特徴づけます．例えば，信号 $x[n]$ を観測し，その時間変化を $x[n] - x[n-1]$ 等で計算して，$(x[n], x[n] - x[n-1])$ を図示してください．もしその軌跡が周回軌跡上に集中するようであれば，その信号の背景には単振動，すなわち単純な繰り返し運動が関係している可能性が高いと考えられます．

2.6 因果関係，条件つき確率，ベイズの定理

データ中心科学は，観測データの分布に基づいて様々な現象を説明できることが特徴です．例えば次章では，運転者による運転行動

表 2.1　アンケートの結果

	ペットとして犬を好む	ペットとして猫を好む
男性	40 人	10 人
女性	20 人	30 人

の違いを，運転行動の観測データの分布の違いを手掛かりにして分析します．また第 5 章では，運転中の「イライラ」状態を検出するために，環境，運転者，運転行動を観測して得られる複数のデータの分布を利用します．そこで本節では，これらの章の基礎となる，事象間の因果関係を条件つき確率で分析する方法を解説します．

街角で男女それぞれ 50 人にアンケートをしたところ，「男性 40 人がペットとして猫より犬を好み，女性 30 人がペットとして犬より猫を好む」と回答したとします（**表 2.1**）．この結果から導かれる確率を言葉で表現すると，

(1) 回答者が男性であれば，回答者がペットとして犬を好む確率は 0.8 である．

などと言えます．同様にこの調査結果から，

(2) 回答者がペットとして犬を好む時，その回答者が男性である確率は 0.67 である．

ことも数学的には正しいでしょう．しかし，(2) の言い回しに違和感を持つ読者もいるのではないでしょうか．男女の違いがペットの好みに影響を与えることは自然に受け入れられますが，ペットの好みが男女の違いを決めるとは思えません．「性別が原因でペットの好みが分かれる」のが自然な因果関係であって，その逆を想定するのは不自然です（**図 2.8**）．

このような関係を数式で整理してみましょう．今，性別を A，ペットの好みを B と表現してみると，先の確率 (1) は条件つき確率を

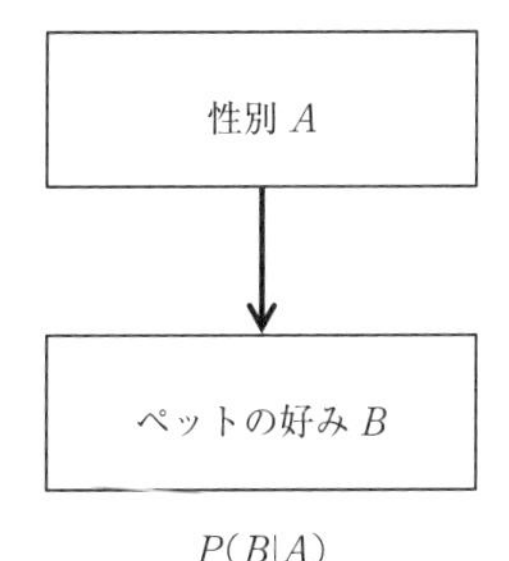

$P(B|A)$

図 2.8 自然な因果関係と条件つき確率.

使って

$$P(B = \text{犬が好き}\,|A = \text{男性}) = \frac{40}{50} = 0.8$$

と表現されます. 一方, 確率 (2) は

$$P(A = \text{男性}\,|B = \text{犬が好き}) = \frac{40}{60} = 0.67$$

と表現されます. これらの式が与える値は, どちらも 2 つの確率変数 A, B に関する条件つき確率ですが, 想定する因果関係が異なるので, 対応する条件つき確率も異なるということです.

確率論における**ベイズの定理**は, (1) から (2) を, あるいは (2) から (1) を計算する方法を与えます. つまり,

$$P(A, B) = P(A|B)P(B) = P(B|A)P(A)$$

という関係が, 因果関係の有無に関わらず成り立ちます. 最左辺 ($P(A, B)$) は, 同時確率 (この場合, 例えば「回答者が男性であり, かつ, ペットには犬を好む」確率) です.

これを, もっと複雑な例に拡張して, 例えば**図 2.9** のような因果関係を想定することもできます. この場合, A から D までの 4 つのデータの関係が 3 つの単純な因果関係に分解されており, それぞ

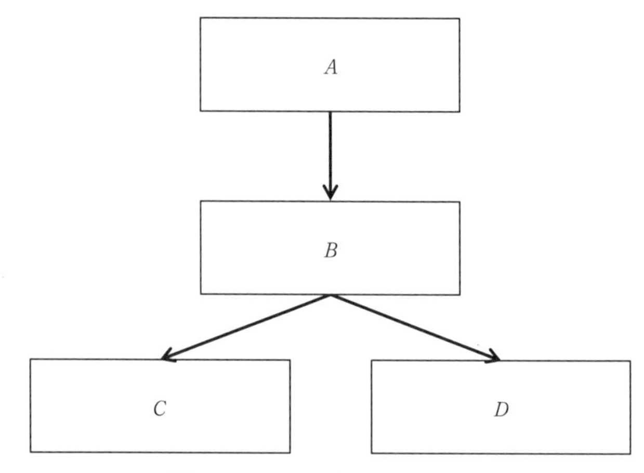

B の確率は，A のみに依存する．
C と D の確率は B のみに依存する．
B が与えられたとき，C と D は独立と見なせる．
このとき
$P(A,B,C,D)=P(A)P(B|A)P(C|B)P(D|B)$
と計算できる．

図 2.9　たくさんの変数の間の複雑に見える関係も，多くの場合，図中に矢印で示すような単純な因果関係の組み合わせに分解することが可能である．

れに対応する条件つき確率，$P(B|A)$, $P(C|B)$, $P(D|B)$ が知られていれば，全データが同時に観測される同時確率 $P(A, B, C, D)$ が計算できます．

同時確率が計算できれば，例えば，A, B, D に関する 3 つのデータが観測された時，データ B の値の分布は，ベイズの定理を用いて以下のように容易に計算することができます．

$$P(B|A, C, D)=\frac{P(A, B, C, D)}{P(A, C, D)}=\frac{P(A, B, C, D)}{\sum_{B} P(A, B, C, D)}$$

このように，実世界を観測することで様々なデータが得られ，それらの間の関係が複雑で規則性がないように見える時でも，観測している現象を単純な因果関係の組み合わせで理解し，1つひとつの因果関係に関する条件つき確率が計算できれば，データの組み合わせを理解することができます．この方法は，因果関係の組み合わせをグラフ表現を通じて理解することから，**グラフィカルアプローチ**と呼ばれます．

行動から個性を知る

人は１人ひとり個性を持っています．風貌や身長・体重のような体軀的な特徴ももちろん個性ですが，むしろ「こんな時，あの人なら，こんな風に振る舞うはずだ」といった，その人らしい「行動」を個性と感じることも多いのではないでしょうか．有名な慣用句「鳴かぬなら」に続く３つの行動（図 **3.1**）は織田信長，豊臣秀吉，徳川家康の生き方を表し，まさにその好例です．人は機械と違って，同じ環境におかれても，１人ひとりが異なる行動をするものです．

１人ひとりの行動に表れる個性を把握することは，行動情報処理の応用において重要な課題です．例えば自動車の運転では，同じ目的地に向かうとしても，人によってどの経路を選ぶかは異なります．混雑していても直線距離が短い大通りを選ぶ人もいれば，多少遠回りでも路地を走って混雑を避ける人もいます．つまり，経路の良し悪しを判断するにあたって，１人ひとりが異なる判断基準を持っているわけです．

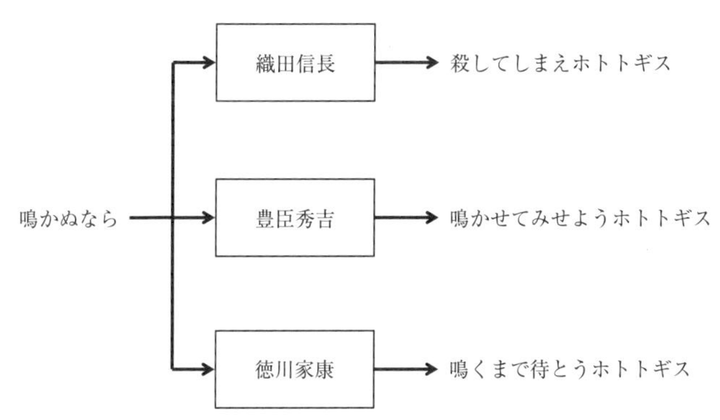

図 3.1　個性は同じ環境におかれた時の行動の違いとして観測できる．

運転を支援するにあたっては，その人が好む経路を案内することが大切であり，それは 1 人ひとりの行動に表れる個性を理解することによって，はじめて可能になります．また，インターネット上に溢れる商品やサービスの中から利用者が必要としているものを見つけ出し，推薦するシステムを作る場合にも同じような技術が必要なのではないでしょうか．

このような行動の個性は，情報処理という立場からはどのように捉えられるでしょうか？　本章では，前章までに述べた「信号とシステム」という考え方に則って，個性の情報処理に必要な考え方を解説します．

ここで解説する方法は，人間の行動を信号 $y[n]$ で，環境を信号 $x[n]$ で，それぞれ表します．そして両者の対応関係の違いが，1 人ひとりが持つ個性と捉えます．この考え方によって，センサーで行動と環境の信号を取得した後に信号間の関係を分析・分類することを通して，行動の個性を理解することができるようになります．

3.1 入出力の関係から個性を知る

先ほどの慣用句の例を使うのであれば，「鳴かぬなら」を入力した時，例えば家康というシステムは「鳴くまで待とう」と出力するわけです．このような入力と出力との組み合わせを，信号処理では**伝達特性**と呼びます．入力された情報がどのように出力側に伝達されるかを表す特性という意味です．この伝達特性が完全に決まれば，例えば「鳴いたなら」に続く句を予測できることになります．もしこれができれば，家康の個性をかなりうまく把握できた，ということになるのではないでしょうか．

このように，与えられた入力（上の句）と出力（中の句）の組み合わせから，システムの一般的な振る舞いを予測することは，信号処理の非常に基本的な問題です．この問題は**システム推定問題**と呼ばれます．そして，非常に単純な（しかし実用上，多くの現実を説明できる）システムである**線形時不変システム**に対して，この問題を一般的に解く方法が知られています．その概要は以下のとおりです．

最も単純なシステム推定の方法は，入力と出力の「比（＝入力が何倍になって出力されるか？）」としてシステムを推定する方法です．つまり，推定したいシステムは，入力信号に「ある数」を掛けた信号を出力するとして，その「ある数」をシステムの個性であると考えるのです．例えば**図 3.2** は，入力に「3 を掛ける」ことで出力を得るシステムの例です．

しかし，行動をシステムに基づいて考える場合，入出力は信号，つまり数列です，数列と数列の「比」はどのように計算すれば良いでしょうか．実は信号を「数」に見立てる，単純でうまい方法があります．それは数字の列をそのまま 1 つの数字と見なす方法です．

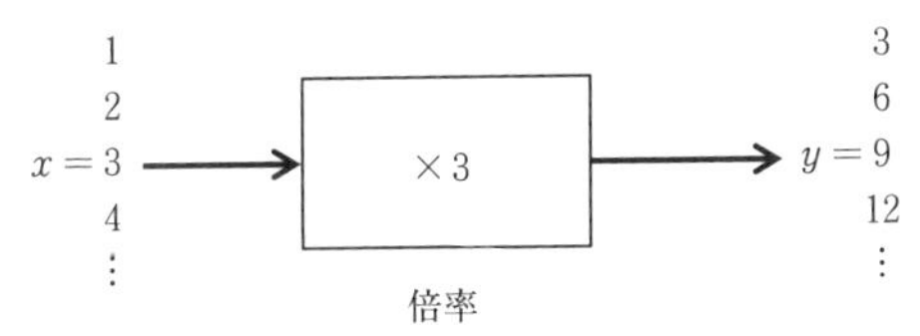

図 3.2　入力と出力との比（倍率）がシステムの性質を表す.

例えば信号 $x[n]=\{3, 2, 4, 3\}$ を 0.3243 に置き換えてしまうのです．長い信号の場合には骨が折れますが，この方法で多くの信号を数に置き換えることができます．これを式で表現すると，

$$\begin{aligned}0.3243 &= \mathbf{3}\times\overbrace{0.1}^{10^{-1}}+\mathbf{2}\times\overbrace{0.01}^{10^{-2}}+\mathbf{4}\times\overbrace{0.001}^{10^{-3}}+\mathbf{3}\times\overbrace{0.0001}^{10^{-4}}\\ &=\sum_{n=1}^{4}x[n]\times 10^{-n}\end{aligned}$$

のように書けます．つまり 10 進法の位取りそのものの計算をしたことになります．この式の中の 10 を変数 z に置き換えると，

$$X(z)=\sum_{n=1}^{4}x[n]\times z^{-n}=\mathbf{3}z^{-1}+\mathbf{2}z^{-2}+\mathbf{4}z^{-3}+\mathbf{3}z^{-4}$$

のように，信号を多項式に対応づけることができます．こうすれば，信号に負の値や整数以外の値が含まれても困りません．このような方法で信号を多項式に変換する方法は **z 変換**と呼ばれます．

この変換を使えば，どんな信号の組み合わせであっても，入力信号と出力信号の比（出力は入力の何倍か？）を，多項式と多項式の比（**有理多項式**）として計算することで，システムを特徴づけることができます．つまり，入力信号 $x[n]$ の z 変換 $X(z)$ と，出力信号 $y[n]$ の z 変換 $Y(z)$ の比である

$$H(z)=\frac{Y(z)}{X(z)}$$

がシステムの性質を表すわけです．この関数はシステムの**伝達関数**と呼ばれます．

例えば，先行する自動車までの距離（m）の変化が信号 $x[n] = \{39, 45, 43, 47, 46\}$ で与えられ，その時々の自車速度（km/時）が $y[n] = \{30, 31, 45, 47, 45\}$ であったとします．運転者Aというシステムが，車間距離という入力に対して，速度という出力を出力するシステムであると考えれば，運転者Aの運転特性は，

$$H_{\mathrm{A}}(z) = \frac{39 + 45z^{-1} + 43z^{-2} + 47z^{-3} + 46z^{-4}}{30 + 31z^{-1} + 45z^{-2} + 47z^{-3} + 45z^{-4}}$$

という「関数」で表現されることになります．ただ，このままでは少しわかりにくいので，z に具体的な値をいくつか当てはめて，システムの特徴を把握することがよく行われます．

例えば，z に $e^{i\omega}$（i は虚数単位（$i^2 = -1$））を当てはめて計算される $H(z)$ の値 $|H(e^{i\omega})|$ は，$T = 2\pi/\omega$（秒）の周期をもつ正弦波を入力した時，システムの出力信号が入力信号の何倍の大きさになるかを表します（線形時不変システムでは，周期 T（秒）の正弦波が入力された場合，出力信号は入力信号と同じ周期 T（秒）を持つ正弦波になります）．この $H(e^{i\omega})$ はシステムの**周波数応答**と呼ばれます．

3.2 行動の傾向を把握する

前節では，行動の個性がシステムの入力と出力の比で特徴づけられることを考えました．しかし，それがその人の個性だとしても，毎回全く同じ行動をするのは少し不自然です．個性とは「全く同じ行動をする」ということではなく，そういう「傾向がある」ということだと思います．この「傾向」を情報処理システムではどのように扱うのが適切でしょうか．

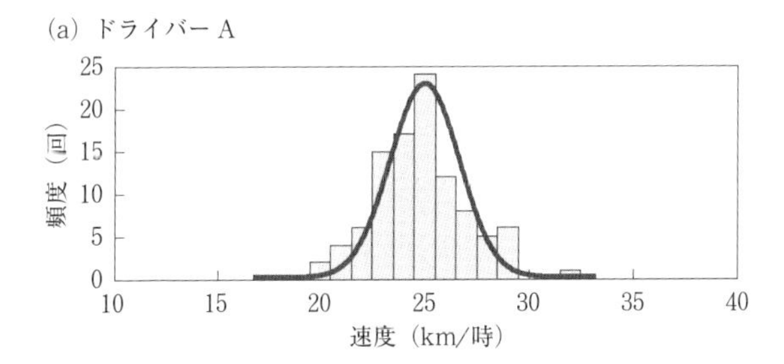

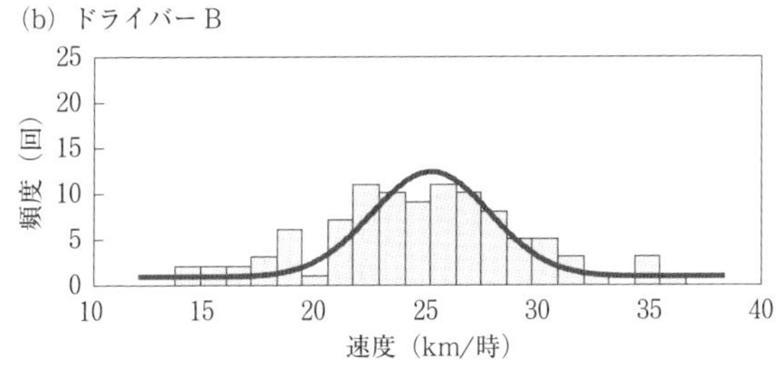

図 3.3　傾向を表すヒストグラムと分布関数．同じ平均速度でもドライバー A は速度のばらつきが少なく，ドライバー B はばらつきが大きい．

「傾向がある」というのが「10 回のうち 7,8 回はそうなる」ということだとすれば，これを表現するには確率を使うのが適切です．確率的な現象の表現方法の 1 つに**ヒストグラム**があります．ヒストグラムは観測された値にその出現頻度を対応づけた棒グラフです．

例えば，車間距離が 10 m の時の車の速度を計測した結果のヒストグラムが**図 3.3** のようだったとすれば，この運転者は 10 m の車間距離の時には「時速 25 km 位の速度で走る傾向がある」と言えると思います．平均時速が 25 km ということであって，必ず時速 25 km で走るということではありません．このヒストグラムの形は，1 人ひとりの行動の違いを傾向として把握するのに適しています．

平均時速 25 km で走るとしても，25 km ± 5 km の範囲で几帳面に速度を保持するドライバー（図 3.3（a））がいれば，10 km から

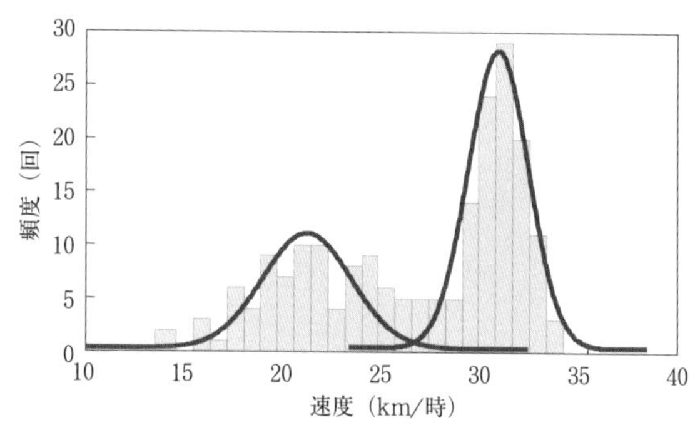

図 3.4　混合正規分布．２つのピークがあるヒストグラムを，２つの正規分布の和で表現している．

40 km の間で大きく速度を変えるドライバー（図 3.3（b)）もいます．このような行動の傾向の違いがヒストグラムの違いに現れるのです．この例の場合，「ドライバー A の速度の分布の広がり（分散）は，ドライバー B に比べて小さい」という統計的な性質は，運転者の速度に対する感度の高さと対応づけられるでしょう．

平均や分散といった統計的な性質で行動を分析するのであれば，ヒストグラムよりももっとうまい方法があります．それは，ヒストグラムを関数で表した**確率分布関数**を用いる方法です．例えば，**正規分布**として知られる分布関数は，平均 0，標準偏差 1 の確率分布に従う変数が，おおよそ x_0 という値を取る確率を，

$$f(x_0) = \frac{1}{\sqrt{2\pi}} e^{-\frac{1}{2}{x_0}^2}$$

のように，平均値を頂点とする山型の関数として与えます．図 3.3 の実線は，ヒストグラムと同一の平均と分散を持つ正規分布関数の形を示しています．さらに**図 3.4** のように，正規分布を重ね合わせる方法で，より複雑なデータ（例えばピークが 2 つあるようなデータ）の分布を表現することも可能です．このような正規分布の重ね

合わせは**混合正規分布**と呼ばれます．

このように，観測されたデータを分布関数の形で表現することには大きなメリットがあります．観測数が十分でなかったために，たまたま観測に現れなかったサンプルがあった場合，ヒストグラム上ではそのサンプルは「出現しないサンプル」と見なされます．一方，正規分布関数を用いた場合は，観測されなかったサンプル周辺の値に対しても，確率がゼロになることはありません．このことは私たちの直感によく合っていると思います．

本節の冒頭では「車間距離が 10 m の時の」と条件を付けた上で速度のばらつきを考えました．平均的な速度は，車間距離が 5 m の時は 10 m の時に比べて遅く，15 m の時は 10 m の時に比べて速くなるでしょう．このように，2 つの量を組にしたデータの分布は**結合分布**と呼ばれます．結合分布には 2 つの量の間の関係が反映されます．**図 3.5** は，車間距離を横軸に，速度を縦軸に取った平面上に，観測データを配置した図です（第 2 章ではこの図を「相平面」として解説しました）．大きな傾向として，図 3.5（b）のように右上がりの傾向が見られ，「車間距離が増すと速度が増す」傾向があることがわかります．

反対に図 3.5（c）のように，データが分布する範囲が横軸に並行な楕円に見なせる場合は，「速度の分布は車間距離によらず一定」と考えることができます．このような分布になることは，2 つの量が確率的に「独立」であることに対応します．このように，2 つ以上の変数が組になったデータを観測し，結合分布を推定することで，変量間の依存関係の有無を調べることができます．

図 3.6 では，観測されたデータに対応する確率分布関数を用いて，2 人のドライバーの運転行動を比較しています．確率分布は 8 つの正規分布の重ね合わせとして求めており，等高線によって確率

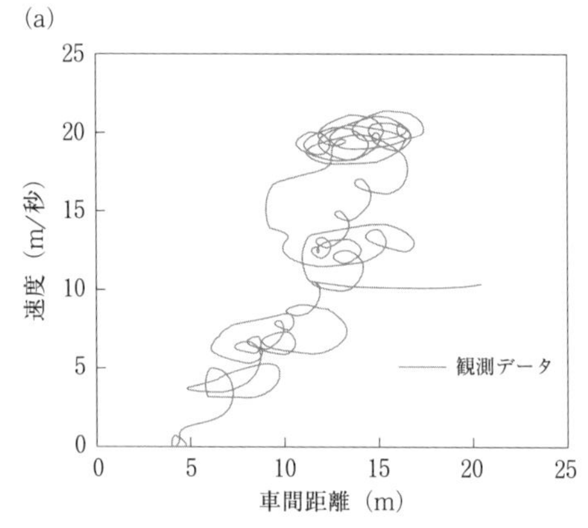

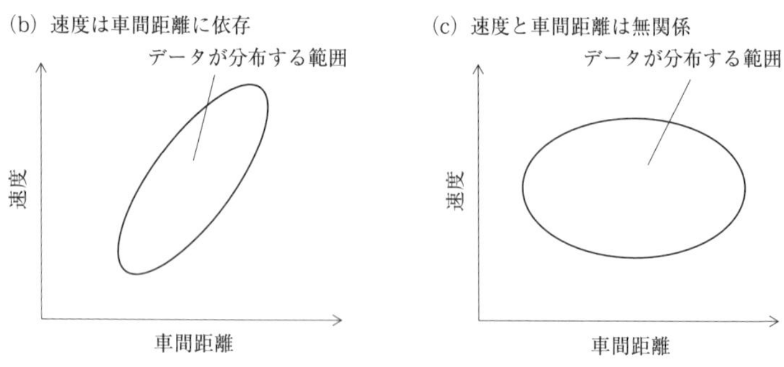

図 3.5　データの結合分布の形と２変量の関係.

の大きさが表されています．横軸方向のデータの広がりから，ドライバー B はドライバー A よりも大きな車間距離をとって運転する傾向があることがわかります．このことは，車間距離という環境が同じでも，ドライバー A とドライバー B の行動は異なる傾向（ドライバー A の方がより速い速度で走る）を持つことを表しています．

このように，人は常に同じ行動を行うわけではないとしても，行動を観測した結果をデータ処理することで，1 人ひとりの行動の傾

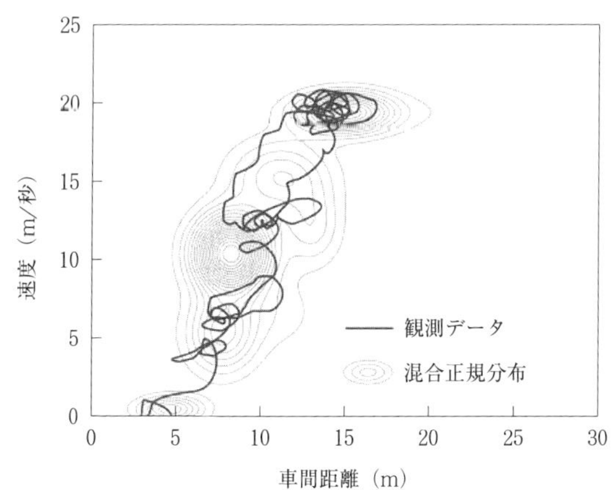

(b) ドライバー B

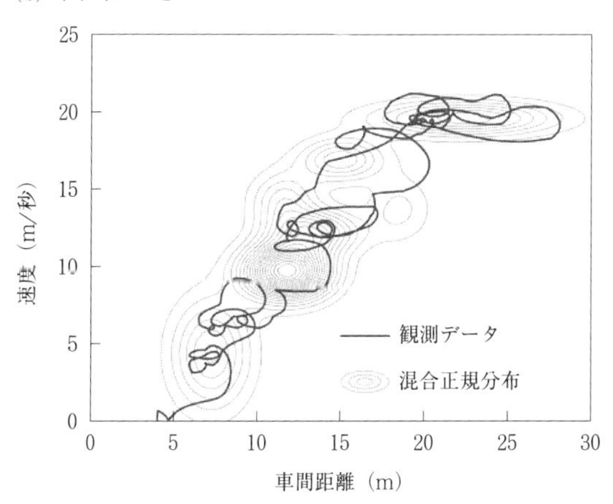

図 3.6　行動の傾向を正規分布の重ね合わせで表現する.

向の違いを分析することが可能になります．この分析の精度はデータの量に大きく依存します．データ中心科学全般に言えることですが，可能な限りたくさんのデータを活用することが，行動情報処理の応用システムにも重要なのです．

3.3 誰の行動かを認識する（ドライバー認識）

筆者らは，行動の個性を分析する技術を利用すれば「運転操作を観測することで，誰が運転しているかがわかる」と考え，ドライバーを認識する方法を研究しました．

この目的のために，アクセル・ブレーキ・ハンドル操作と音声からなる運転行動に加えて，前方やドライバーの映像を記録する実験車両を製作しました（**図 3.7**（a））．そして 300 名のドライバーを募集し，この実験車両を名古屋市内の一般道路や高速道路上を 1 時間程度運転してもらうことで，大量の運転データを集めました．

研究開始当初，筆者らは，運転の個性は主に加速・減速方法の違いに現れると考えていました．当時は行動を「システム」として捉えるアイデアを明確に意識しておらず，運転行動を観測した信号に，文字認識や音声認識で用いるようなパターン認識技術を適用する方法を漠然と考えていました．

最初の実験では，自動車の速度を信号として分類する方法でドライバーの識別を試みましたが，全くうまく行きませんでした．これは当然のことで，集められたデータには，信号待ちの区間や渋滞の区間もあれば，スムーズに走行している区間もあり，その時々で最適な速度が違います．このような交通環境の違いによる運転の違いの方が，ドライバーによる違いよりもはるかにばらつきが大きくなります．全く異なる環境入力に対する出力を比較しても，システムの分類には役に立たないということです．

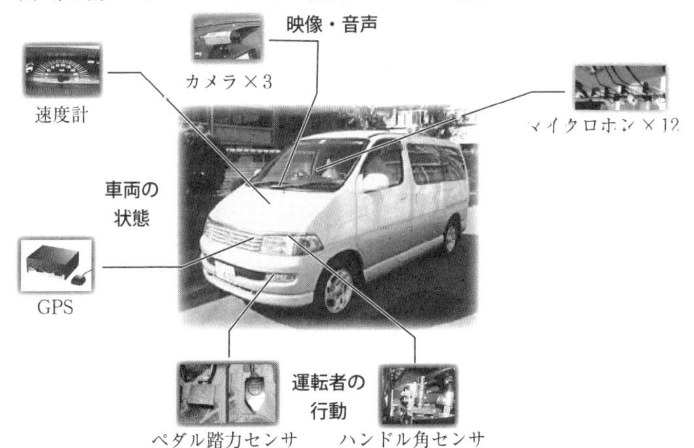

(b) 第2期システム：エスティマに12種類のセンサーを搭載

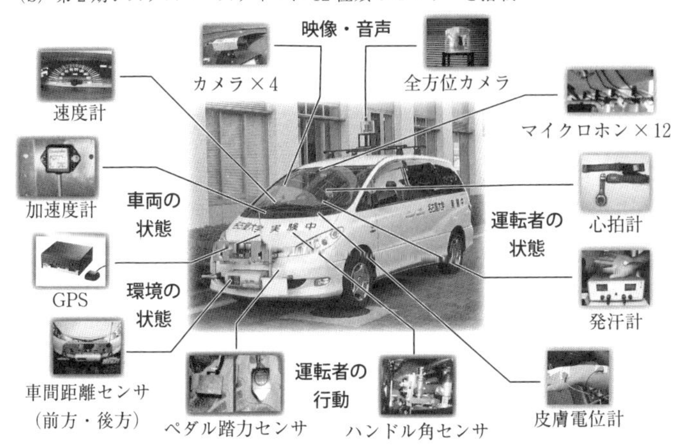

図3.7　実験用データ計測車両.「周辺の環境，運転者の行動，車両挙動」の３つの情報を同時に計測することで，システムとして行動を分析することが可能となる．第２期システムでは，レーダーによる周辺物体の情報と運転者の生体情報を取得することで，運転者の状態（第５章）や周辺への環境に対する視行動（第６章）を解析することが可能となった．

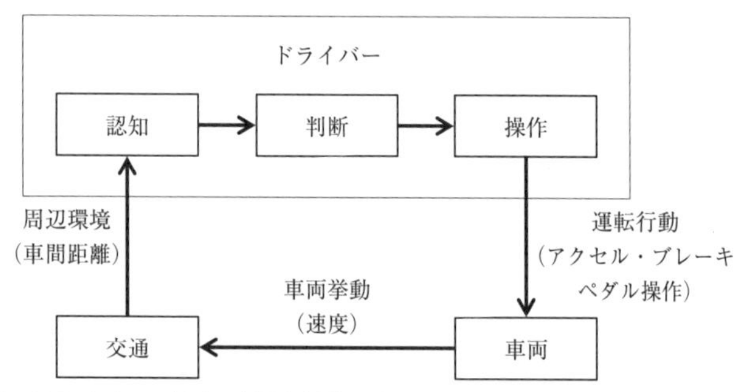

図 3.8　ドライバー，車両，交通を信号の流れとして見ると，車両の挙動は「運転行動」を「車両」というシステムに入力して得られる出力だと考えられる．運転行動の個性を調べるには，アクセルやブレーキの操作を分析することが適当である．

そこで，信号などで停止している車両が走行し始める最初 3 分だけを分析に使うことにしました．こうすることで，運転状況のばらつきを少なくすることができました．

次に筆者らは，速度ではなく，ペダル操作を利用すべきだということに気が付きました．これは，**図 3.8** を見れば明らかなのですが，車両の速度はドライバーと自動車という 2 つのシステムが縦列に接続されたシステムの出力です．この研究ではドライバーというシステムの個性を考えているのだから，ドライバーシステムの出力であるペダル操作の信号を使うのが妥当でしょう．

このような試行錯誤を経て，276 名のドライバーの中から誰が運転していたのかを「当てる」実験を実施しました．実験に用いる信号は，アクセル・ブレーキペダル踏力を 2.5 節で紹介した相平面上の軌跡に変換したものです．その結果，47.5% のデータが正しく分類できることがわかりました．276 名から 1 名を選ぶ問題で，50% 近いデータで正解が得られたことは興味深い結果だと思います．しかし，100 点満点で 47 点では不合格です．本当のところは物足りない結果でした．

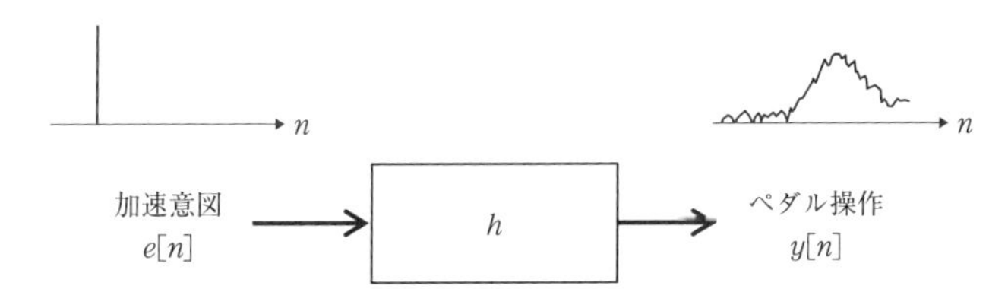

図 3.9　ブラインドシステム推定問題．観測した信号 $y[n]$ から，システムの特性を推定する．この時の入力信号 $e[n]$ は，認知・判断の結果として得られる「加減速意図」に対応すると考えられる．

さらに研究を進める中で，ある学生が非常に良い結果を持ってきました．彼が使った分析方法は，音声分析の分野では誰もが使っている**ケプストラム分析**という方法です．この分析方法は**ブラインドシステム推定**，簡単に言うと，「出力信号だけ」からシステムを推定するという方法です（**図 3.9**）．

前節では，システムの推定は出力を入力で割って計算すると説明しましたが，出力だけからシステムを推定する（因数分解）という考え方もあったのです．この問題は，

$$\text{出力} = \text{入力} \times \text{システム}$$

という関係を考えると，例えば出力が 12 ということは 2×6（入力が 2，システムの倍率が 6）とも，3×4（入力が 3，システムの倍率が 4）とも計算できるのですが，ある基準（例えば「入力はシステムの倍率に比べてとても小さい」）の下に，2 を入力信号，6 をシステムの倍率と決めるといった方法です．

筆者らは発進直後の 3 分だけを分析に使うことによって運転の環境を揃えているのだから，入力は同じと捉えて良いだろうと考えていました．しかし，よく考えてみると，前方に車がいる場合といない場合では発進の仕方も当然変わってくるでしょうし，信号がある交差点とない交差点でも，その振る舞いは違ってくるはずです．こ

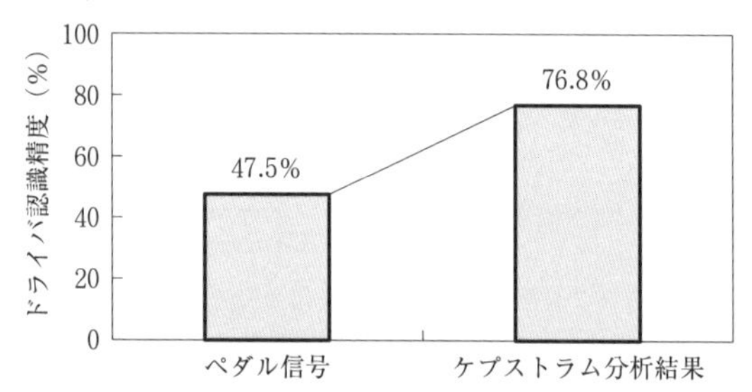

図 3.10　ドライバー認識実験の結果．ケプストラム分析を行って，システムの伝達特性を推定した結果，276 名のドライバーを 75% 以上の精度で正しく識別することができた．

のように，発進時だけを取り出しても環境の違いが存在するので，やはり出力信号をそのまま分析するだけでは不十分だったのです．

市内を通常走行する車両のデータなので，全く同じ条件での発進だけをドライバー認識に利用することはできません．ケプストラム分析は完璧にシステムを推定する方法ではありませんが，入力が未知な条件下で，システムの動作だけを取り出すには大変有効な分析方法でした．ここでは残念ながら，誌面の都合からケプストラム分析を詳細に解説することはできませんが，興味を持たれた読者は[5] のような参考書で勉強してください．

このケプストラム分析を用いることで，最終的に 76% のデータについて，誰が運転していたのかを正しく認識することができるようになりました（**図 3.10**）．成績の評価で 76 点は A 評価ではありませんが立派な合格点であり，この数字は筆者の予想を超える精度でした．行動を観測した信号を分析・理解することで，行動から個性を取り出せることが示されたと言って良いでしょう．

行動を予測する

4.1 データから行動を予測する

前章では，環境という入力に対する人間の出力を行動と捉えて，入力と出力との関係が行動の個性を特徴づけると考えました．そして入力と出力との対応を具体的に表現する方法として，システムの伝達関数を紹介しました．さらにドライバー識別を例に，出力信号からシステムを推定することで行動の個性が抽出できることを示しました．

しかし，第3章の方法が比較的うまく行ったのは，「ドライバーを特徴づける」情報のみを計算できれば良かったからであって，ドライバーが区別できるということと，その人の運転が再現できるということの間には隔たりがあります．

本書では「行動」を「認知・判断・動作」の総体と考えています．動作を伴っている以上，行動を観測した信号は物理的な制約を受けているはずです．例えば，手足を動かせる方向には制限があり，動かす速さにも限界があるでしょう．逆に考えれば，動作に伴う物理的な制約に従って，多くの場合，少し先の行動を予測することができると考えられます．

また，本書では「行動をシステムで考える」という立場に立ちます．前章では1つひとつのシステムの「振る舞いの違い」を検出する視点でシステムを分析しました．本章では，近い将来や未知の環境における行動を動きとして生成する視点から，システムを議論したいと思います．

2.5 節では，微分方程式を解くことによって任意の時間における位置を計算する方法を述べました．例えば「速度が位置に比例する」という現象は，

$$\frac{dx}{dt} = 3x$$

という微分方程式で記述され，この微分方程式を解くことで

$$x(t) = Ce^{3t}$$

のように，$x(t)$ を時間の関数として定め，任意の時刻における位置を知ることができます．

つまり，行動信号を生成するためには，行動信号を支配する微分方程式を見出すことが有効です．$x(t)$ が質点の運動のような物理現象であれば，微分方程式は運動方程式から導き出すことができます．しかし，「認知・判断」を含む人間の行動は，物理だけに従うわけではないので，行動を支配する微分方程式を導き出す一般的な原理は存在しません．

そこでデータ中心科学を活用し，観測データを知識として活用することで，微分方程式に対応する表現を導き出すことを考えます．2.5 節では相平面，すなわち「x と dx/dt の組が描く軌跡」が微分

方程式に対応することを解説しました．例えば，上述した微分方程式の解は，相平面上では傾き3の直線に対応します．一方，3.2節では，2つの量 x, y の間の関係について，観測データの結合分布を用いて表現できることを解説しました．これら2つのことから，微分方程式に相当する知識を，相平面上のデータの結合分布から導き出せることがわかります．すなわち，データ中心科学のアプローチによって，人間の行動のような複雑な動的システムの挙動を生成することが可能となります．次節では，この考え方について例を用いて紹介します．

4.2 運転行動の生成

前章では，発進時のペダル操作にドライバーの特徴が現れることを利用して，ドライバーが誰かを認識する研究を紹介しました．次に筆者らは，先行車を追従する運転行動を予測する研究に取り組みました．もう少し詳しく言うと，自車の速度と先行車との相対速度・車間距離が与えられた時に，ドライバーが行う運転行動（加速・減速操作）を将来に向かって連続的に予測・生成する研究です．

このような運転行動の自動生成が可能になれば，安全でスムーズな運転のデータをたくさん集めることで，先行車を自然に自動追跡する協調型のクルーズコントロールなどの運転支援に役立つはずです．また，加減速だけを考える1次元の単純な問題として考えることができるため，行動生成の研究を始めるのに適した問題だと考えました．

混合正規分布の利用

先行車との関係が常に同一の微分方程式に従うのであれば，次項で紹介する方法によって相平面上での観測データの結合分布を観測し，これを微分方程式と見立てることで，運転行動を予測的に生成することができます．しかし，通常私たちは交通状況によって様々な運転行動を使い分けているため，単一の微分方程式だけで実際の運転行動が生成されると考えることには無理があります（さらに，「気持ち」のような運転者の状態も運転行動に影響を与えるかもしれません．このことについては次章で議論します）．そこで，運転行動を生成するためには「環境をいくつかの状況に分類すること」と「状況ごとに運転行動の微分方程式を見出すこと」の 2 つの問題に分けて考えることが必要となります．

実はこの 2 つの問題は，3.2 節で解説した「正規分布の重ね合わせでデータの分布を表現する方法（混合正規分布）」で一気に解決することができます．異なる状況における運転行動の組み合わせを表現する混合正規分布が得られれば，混合正規分布を構成する 1 つひとつの正規分布を，個別の状況における運転行動の微分方程式と考えることができるからです．

微分方程式を確率的に表現する

先行車が一定の速度で走行している場合の車間距離 $x(t)$ と相対速度 dx/dt を例に解説します．以下では表記を簡略化するために，相対速度を $\dot{x}(t)$（エックスドット）と表記します．

$$\dot{x}(t) = \frac{dx}{dt}$$

$x(t)$ と $\dot{x}(t)$ の 2 つの量が正規分布に従う時，その結合分布は**図 4.1** のように示されます．この時，$x(t)$ が与えられた条件の下での $\dot{x}(t)$ の条件つき確率

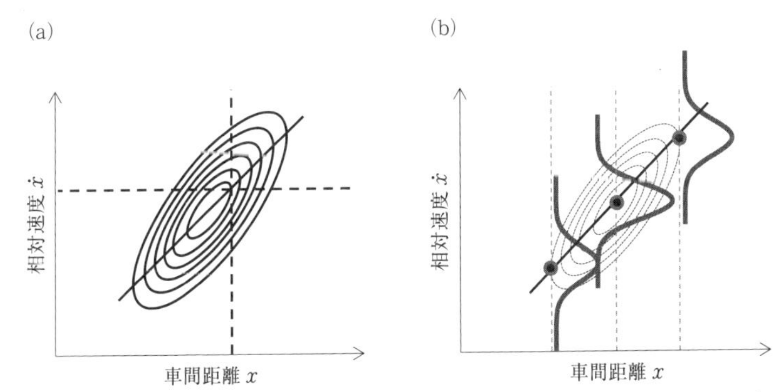

図 4.1　相対速度と車間距離が正規分布に従い，それらの結合分布が (a) のように与えられる時，2 つの量の間には平均的には単純な比例関係があると考えられる．このことは結合分布を「山」に見立てて，その断面（条件つき確率）を並べると断面の頂きの位置が直線上に並ぶことで説明できる（図 3.5 参照）．

$$P(\dot{x}|x)$$

を最大にする $\dot{x}(t)$ は，図中の太線の上にあることが知られています（式中では $x(t)$ の (t) を省略しているので注意してください）．結合分布を「山」に見立てれば，条件つき確率は山を縦に切った断面に対応します．この断面に現れる山の頂をつないだ図形が図 4.1 (b) の太線です．$x(t)$ と $\dot{x}(t)$ の間には，平均的には単純な比例関係が成り立つと考えることができるわけです．

すなわち，この結合分布が「ある状況」における車間距離と相対速度を学習していれば，車間距離は微分方程式

$$\dot{x} = \frac{dx}{dt} = ax + b$$

によって生成できます．a, b は結合分布関数の形から導かれる定数なので，状況ごとにデータを集めることができ，そのデータから結合分布関数が学習できれば，状況に応じた微分方程式を導くこと

ができるわけです．

ところで，これまで議論してきた離散時間信号 $x[n]$ は時間とともに変化する量を表現した情報ですが，時間の関数ではないので，これを「微分」することはできません．そこで，導関数の代わりに連続するサンプル間の**差分信号**

$$\Delta x[n] = x[n+1] - x[n]$$

を用いることにします．Δx は時間的に連続する 2 つの観測の間の変化量で，単位時間あたりの変化量，すなわち時間微分を置き換えるわけです．つまり，相平面に対応する表現として，$x[n]$ と $\Delta x[n]$ の結合分布を考えます．

$$f(x[n],\, \Delta x[n])$$

筆者らの目標は運転者の行動を予測することなので，車両距離や速度ではなく，アクセル・ブレーキの操作量（以下では「加減速操作量」とします）$y[n]$ に対して，上で説明した分析を適用することにしました．具体的には，車間距離 $x[n]$，車速 $v[n]$，アクセル・ブレーキ操作量 $y[n]$ とその差分信号 $\Delta y[n]$ の結合分布関数

$$f(y[n],\, \Delta y[n],\, x[n],\, v[n])$$

を運転行動の予測に利用することにしました．ここで変数の数が 4 つに増えていますが，図 4.1 と同様に，条件つき確率を最大にする点（断面の頂）を使って $\Delta y[n]$ を推定すれば良いと考えました．

$$\widehat{\Delta y[n]} = \underset{\Delta y[n]}{\operatorname{argmax}}\, f(\Delta y[n] | y[n],\, x[n],\, v[n])$$

この式は複雑に見えますが，「最も高い（条件つき）確率を与える $\Delta y[n]$ を $\widehat{\Delta y[n]}$ と書くことにします」という意味です．

「最も高い確率を与える」ということは，実際にそのように行動された頻度が最も高かったということであり，そのように行動する可能性が最も高いということです．したがって，最も高い条件つき確率を与える差分信号 $\widehat{\Delta y[n]}$ を現在の $y[n]$ に加えた

$$y[n+1] = y[n] + \widehat{\Delta y[n]}$$

を，次の時刻の加減速操作量として用いることは妥当と考えられます．

実験による評価

筆者らは，この考え方を離散時間信号として観測された運転行動に適用することにしました．つまり，以下のような繰り返し処理で，追従運転行動における加減速操作 $y[n]$ を生成する方法です（**図 4.2**）．

(1) 時刻 n において車速 $v[n]$ と車間距離 $x[n]$ が与えられる．
(2) 車間距離を調整するため，次の時刻 $n+1$ に加減速操作 $y[n+1]$ を行う．
(3) 加減速操作の結果と先行車両の動きの結果，さらに次の時刻 $n+2$ における車速 $v[n+2]$ と車間距離 $x[n+2]$ が決まる

⋮

この研究では，筆者らはドライビングシミュレーター（DS）を使って運転行動を集めることにしました．ドライビングシミュレーターを利用すれば，先行車が予め用意した走行パターンに従って走る状況を模擬することができます．そして同じ先行車の走行パターンに対して，運転者によって異なる加減速行動を行う様子が比較できると考えました．また先行車と自車両との車間距離を容易に記録

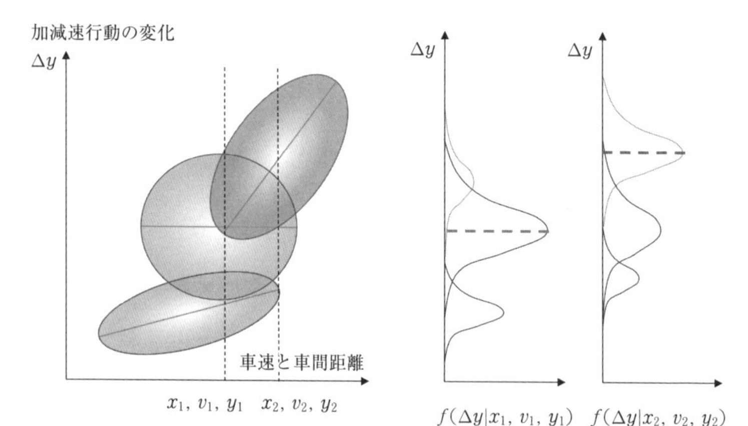

図 **4.2**　混合正規分布を用いた行動予測の原理．複数の正規分布でデータの同時分布が与えられていれば，状況に応じて適切な正規分布が選択され，それぞれの正規分布に基づいて運転行動を予測することができる．

できることも実験に有利な点です．

この実験では 1/10 秒ごとに 4 つの信号 $\{x[n], v[n], y[n], \Delta y[n]\}$ を同時に記録し，16 個の正規分布の重ね合わせとして，この同時分布を学習しました．

この方法を用いて，運転操作がどの程度予測できるかを実験した結果が**図 4.3** です．まず 2 名の被験者記録を見比べると，同一の走行パターンで走行する先行車を追従する場合でも，ドライバーによって運転行動がかなり違うことがわかります．例えば，図 4.3 の上から 2 つ目の図に示す車間距離の変化を見ると，ドライバー A は車間距離が大きく開いてもあまり気にしていないように見えます．一方，ドライバー B はなるべく車間距離を一定に保とうとかなり頻繁にアクセルを操作している様子が観察されます．

これらの運転行動について，上で説明した方法を使って予測した結果を図中に破線で示してあります．速度や車間距離は，実際に観

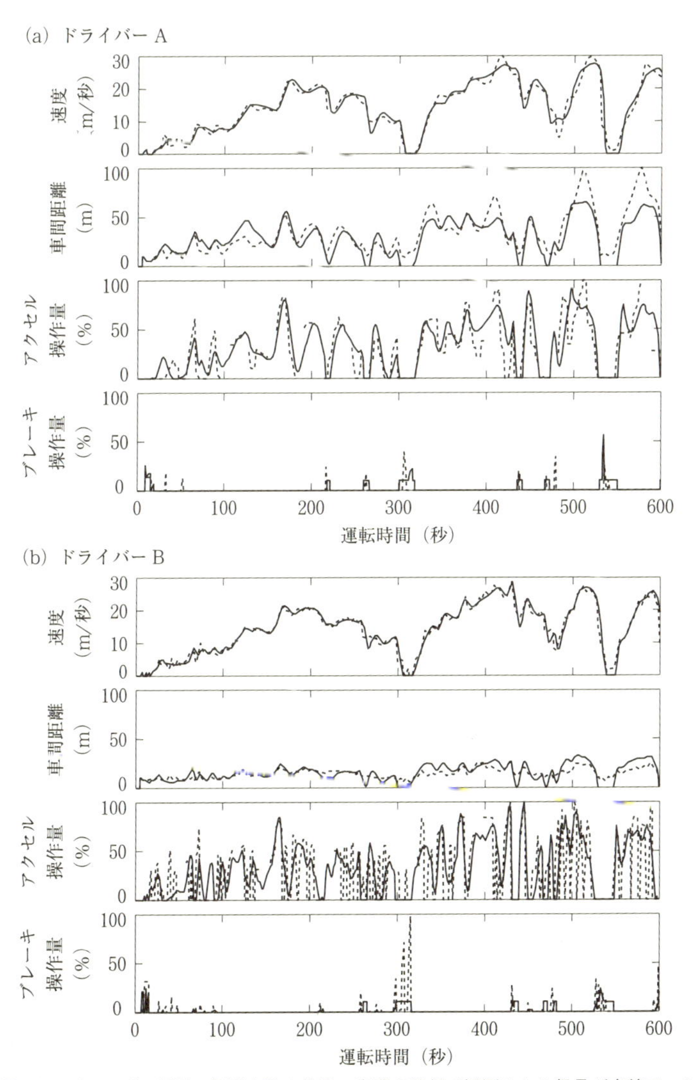

図 4.3　ドライバー行動の予測実験の結果．実際の運転で観測された信号が実線で，1秒先の運転を予測した結果が破線で示されている．

測されたものとほぼ同じ値が推測されています．また，アクセル操作についても，ドライバーBが頻繁に操作を行う傾向が再現されています．

一方，ブレーキ操作については，予測があまりうまくできていないように見えます（例えば，ドライバーBの300秒付近のブレーキ操作の予測に大きな誤差が生じています）．この方法は信号の連続性に基づいて予測する方法なので，ブレーキ操作のような不連続な行動にはあまり適していないことがわかりました．

4.3 より複雑な行動への拡張

前節で行った行動予測は，先行車を追従するという単純な運転行動に関する研究でした．そこで，次に筆者らは車線変更という比較的複雑な運転行動の予測に取り組みました．この研究でも基本的な問題は追従走行の場合と同じで，「どの状態にあるか」，「その状態ではどのように行動するか」という2つの問題を考えれば良いとしました．

追従走行との大きな違いは，車線変更の場合，

(1) 車線変更を準備する．
(2) 車線間を移動する．
(3) 移動先の車線の交通に合わせて速度を調節する．

というように，運転行動の状態が時間とともに決まった順序で変化していくことです．上の(1)から(3)の状態それぞれにおいて，追従運転の時と同様にさらに複数の状態があることから，前節の結果を時間方向に拡張する必要があることがわかります．

このような状態間の移り変わりを表現する方法として，**隠れマルコフモデル**と呼ばれる時系列信号のモデルを利用することにしまし

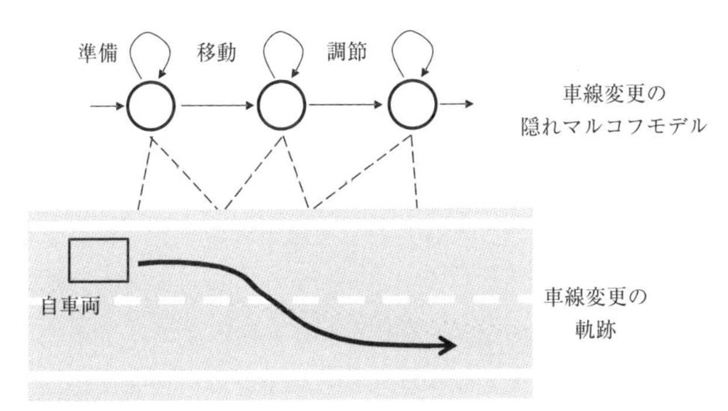

図 4.4　車線変更は３つの状態（準備，移動，調節）を経由して行われる．それぞれの状態で車両の挙動の分布を学習することで，車線変更の運転行動が生成できる．

た．**図 4.4** は「準備」，「移動」，「調節」の 3 つの状態を持つ隠れマルコフモデルと，それぞれの状態が車両軌跡（車線変更時の走行コース）のどの部分に対応するかを示しています．隠れマルコフモデルのそれぞれの状態には混合正規分布，すなわち前節で議論した，微分方程式の確率表現が学習されており，状態間を移り変わり，微分方程式を切り替えることで，複雑な時系列である車線変更行動を生成することが可能になります．

例えば，2 番目の「移動」に対応する状態では，横方向へ移動する頻度が高くなるはずであり，この状態での車両挙動信号は右側への移動をピークとする分布になるはずです．これに対して 1 番目の状態と 3 番目の状態では，直進をピークとする分布になるはずです．

このように，時間とともに変化する車両挙動を確率的に表現できることが，隠れマルコフモデルを利用するメリットです．隠れマルコフモデルは様々な系列信号のモデルとして利用されており，大規模なデータを使ってモデルを学習する一般的なアルゴリズムも広く知られています．

前節の実験と同様に，ドライビングシミュレーターによる名古屋市内の高速道路を模擬した環境で，たくさんの車線変更の運転行動を記録し，実験に用いました．実験ではドライバーごとに隠れマルコフモデルを学習し，学習された隠れマルコフモデルを用いてドライバーごとの運転行動を生成することにしました．

ただし，隠れマルコフモデルから生成されるのは，車線変更時の車両軌跡だけです．生成された車両軌跡が，周辺車両の位置に照らして適切かどうかは，別の方法で評価する必要があります．そこで，筆者らは隠れマルコフモデルから出力される可能性が高そうな車両軌跡を複数候補生成し（このような操作は**分布のサンプリング**と呼ばれます），候補の中から周辺車両の位置に最も適した軌跡を選べば良いと考えました．

そのため，記録した車線変更のデータを用いて，自車両と周辺車両との相対距離の分布を求めました．相対距離の分布が求められていれば，実際の周辺車両の位置に照らして，最も高い確率を与える車両軌跡を選択できます．この方法によれば，1人ひとりが持つ異なる車両感覚（周辺車両との車間距離に対する感度）を車両軌跡の選択に反映させることができるでしょう．

実験の結果，生成された車線変更の軌跡と実際の軌跡との誤差の平均は約 16 m でした．実験では時速 60 km 程度で走行する状況が模擬されていたことを考えると，開発した方法は，高速道路での車線変更軌跡をドライバーごとに予測生成する方法として有効であると考えられます．

行動から人の状態を推定する

5.1 人間の行動を多入力・多出力のシステムとして考える

第3章では「同じ環境でも異なる振る舞いをする」ことを個性と考え，これを情報処理するために伝達関数，いわば入力と出力との比で個性を特徴づけることを考えました．しかし一方で，同じ環境におかれても「必ずしも毎回同じ行動をするわけではない」ことも議論しました．例えば，普段は好きな音楽でも「今はそんな気分じゃない」と聞きたくない時もあります．

他者から見ればいつもとは違う行動を，「気分」や感情といった内的な状態で理解することは，逆に言えば，人間の心的な状態を行動に対応づけることができる，ということではないでしょうか．第1章で紹介した心理学における「行動主義」は，この考え方に立って，目に見えない心の動きを，目で見える行動で理解することを提唱したのです．

機械であれば，同じ入力には必ず同じ出力を返します．一方，人間はそうでありません．このことを信号とシステムに基づいて行動を理解する本書の立場に当てはめると，以下のように考えることもできると思います．

> 人間は多くのセンサーを持ち，非常に多くの種類の情報を入力として処理している．したがって，たとえ機械が同じ環境と見なしても，人間にとって「同じ環境」と見なせるような状況は事実上存在しない．

このような理解に立つと，人間の内的な状態を行動と対応づけるためには，できる限りたくさんの情報を統合して利用することが必要だと考えられます．これまで本書では，行動を「入力と出力を一対一に対応させるシステム」として考えてきました．行動から人の状態を推定するためには，この考えを拡張して，「多入力・多出力のシステム」として人間の行動を考える必要があるのです．

5.2 イライラ運転検出システム

ここでは，ドライバーの状態を検出する技術の応用として，運転中の「イライラ」状態を検出するシステムを考えます．後で述べるように，一概に「イライラ」といっても具体的にどのような状態を指すのかは明確ではありませんが，イライラすることで，注意が散漫になったり，運転が乱暴になったりすれば，交通事故の危険が増すことになります．運転者のイライラを検出することができれば，このような危険を未然に防ぐことができるはずです．

第1章では音声を分析することで，発話の内容や声帯の振動の変化を検出し，これを手掛かりにして振り込め詐欺誘引通話を検出する研究を紹介しました．同様の方法がドライバーのイライラを検出することにも応用できそうです．

しかし，第1章で紹介した方法は，音声を観測できることが前提でした．運転中の「イライラ」を検出しようとする時，直接観測できる行動信号は，ハンドル操作やアクセル操作のような運転操作に限られます．もちろん，イライラすると運転操作が荒くなるでしょうから，その運転操作の変化からイライラを検出することも考えられますが，「緊張によって声帯の振動が変化し，声が上ずる」というように，合理的に説明できる関係ではないでしょう．

一方，運転者の表情を観測することは容易にできます．また，脈拍や発汗のような生理量も，図1.1（b）に示した腕時計のような装置で計測できるようになりつつあります．このような表情や生理量は心的な状態と関係していると考えられていますが，表情や生理量の計測結果から「イライラしているかどうか」を決めることは難しいのが現状です．

環境側の情報はどうでしょうか．渋滞や道をふさぐ歩行者，車内機器の操作など，運転者がイライラする直接の原因は，環境側の状態にあることも多いのではないでしょうか．

このように考えると，運転中のイライラを検出するには，これら運転者のイライラに関係する，たくさんの情報を適切に組み合わせて利用することが必要であると考えられます．非常に単純に書けば**図5.1**のようになり，

(1) 環境がドライバーの状態を変化させる．
(2) ドライバーの状態が変化すると生理的な信号が変化する．
(3) それと同時に運転行動にも変化が生じる．

というように理解できます．

筆者らは，このようなドライバーの状態に関係する，環境，生理，行動を全て利用することができれば，精度良くイライラを検出

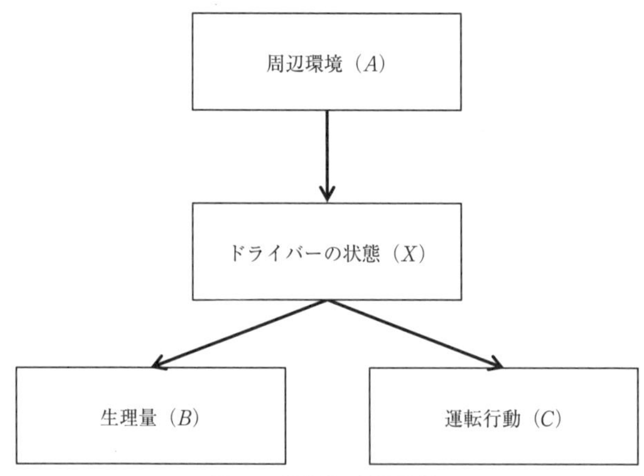

図 5.1　信号間の因果関係.

できるのではないかと考えました.

そこで，これらの情報を統合するために，2.6 節で紹介した方法，すなわち観測量の相互の関係を「因果関係を考慮した」条件つき確率により表現する方法を利用することにしました.

図 5.1 に示すように，周辺環境（A），ドライバーの状態（X），生理量（B），運転行動（C）の間には以下のような因果関係があると考えられます.

周辺環境が（A）である確率は

$$P(A)$$

で与えられる．ドライバーの状態（X）は周辺環境（A）に依存した条件つき確率で計算できる.

$$P(X|A)$$

ドライバーの生理量 (B) はドライバーの状態（X）に依存する

$$P(B|X)$$

同様に，運転行動（C）もドライバーの状態（X）に依存する．

$$P(C|X)$$

そして，これら以外の因果関係を無視すれば，上の4つの確率を用いて，周辺環境と生理量と運転行動が観測された下で，ドライバーが「イライラ」している条件つき確率は以下によって計算できます．

$$P(X|A, B, C) = \frac{P(B|X)P(C|X)}{P(A, B, C)} P(X|A)P(A)$$

このように，それぞれの依存関係を学習するのに十分なデータが信号 A, B, C, X にわたって観測されていれば，未知の状況であっても，観測された A, B, C から，X，つまり「イライラしているかどうか」の確からしさを計算することができます．

しかし，実際の研究では，この X，つまり「イライラしているかどうか」を観測することが最大の問題でした．上の4つの確率を実際のデータから推定したいのですが，A（周辺環境），B（生理量），C（運転行動）は信号として観測できても，X（イライラしているかどうか）を直接観測する方法がありません．

そもそも，この「イライラ」を信号として直接観測することが難しいので，観測が容易な「環境」や「行動」から「イライラ」を推定する研究をしているわけです．言うなれば，問題だけがわかっていて，問題の「正解」がわからないという状態です．客観的な計測とは別の方法で，何らかの正解を与える必要があります．

このような問題は，情報処理技術の研究の中ではしばしば現れます（このとき与えられるべき正解は**グランドトゥルース**（Ground

Truth）などと呼ばれます）．正解の与え方が間違っていると，本来検出したいと思っているものとは異なるものを検出するシステムが学習されてしまうので，正解をどのように与えるかは極めて重要な問題です．

そこで筆者らは，実験の被験者の方に，ビデオを見ながら自分の運転を思い出してもらい，「あの時イライラしたな」と思ったところを記録してもらう方法で正解データを作成しました．

このような実験を20名の被験者が行った結果，129のイライラ運転データを取得できました．この実験では比較的駐車車両が多い左車線を走ってもらうなど，イライラする区間が多く出現するように走行ルートを工夫してあります．また，実験に用いた車両は図3.7（b）に示した第2期実験車両で，この車両には発汗や皮膚電位のような生理量を計測する装置も搭載されています．

実験で得られたデータを使って，条件つき確率$P(X|A, B, C)$を学習し，学習には使っていないデータに対して，どの程度イライラ状態の検出が可能かを評価しました．

その結果が**図5.2**です．一番上のグラフの黒く塗りつぶされた区間は，被験者が実験後にビデオを見ながら「イライラした」と申告した区間（グランドトゥルース）です．一方，一番下のグラフの黒く塗りつぶされた区間は，観測された「周辺環境，生理量，運転行動」の下でイライラする条件つき確率が50％以上と推定された区間です（中央のグラフは，条件つき確率の値です）．

2つの図を見比べると，被験者が「イライラした」と申告した区間と，信号だけから「イライラしただろう」と推定された区間とがよく一致していることがわかります．実際，イライラしたと申告された区間の80％以上の区間が，この方法で正しく検出されました．

また，**図5.3**に示すように，従来よく行われていた，表情と生理

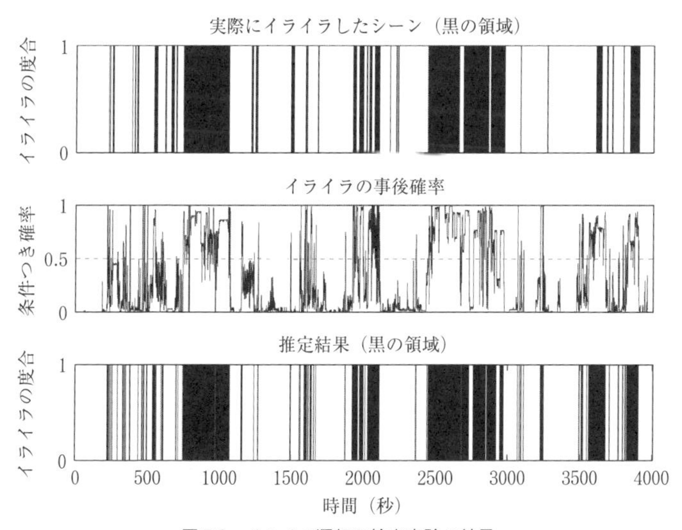

図 5.2　イライラ運転の検出実験の結果.

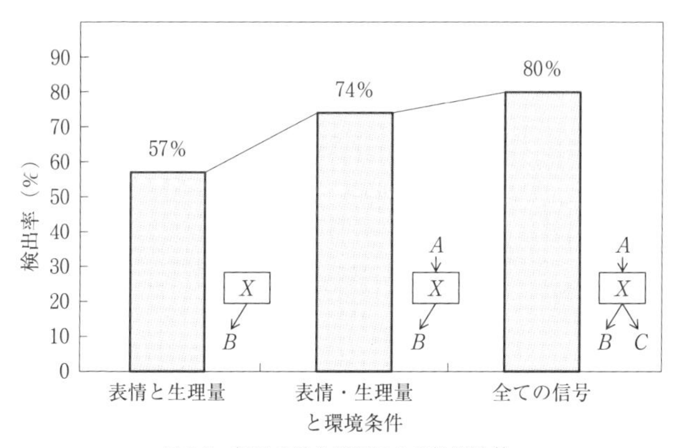

図 5.3　信号の統合利用による性能改善.

量（B）だけの場合，あるいは環境条件（A）を表情と生理量（B）に組み合わせた場合と比べても高い性能が得られており，環境と行動との組み合わせを使って人間の状態を推定することが有効であることが確認できたと考えられます．

6

行動情報処理の応用

6.1 自動運転システムとの共生のために

近年，**自動運転システム**に対する関心が高まっています．センサー，通信，制御などの技術を組み合わせることで，自動的に車線変更したり衝突を回避するといった，運転者を支援するシステムがすでに実用化されています．近い将来には，自動運転している車両と人間が運転している車両とが道路上に混在することも予想されています．

ところで，自動車が自律的に走行できるということと，運転者のいない車が一般道路を走ることでは，少し意味が違います．自動運転システムが想定していないことが起こった時に，誰が責任を負うのか，という社会的な問題があるからです．自動運転の導入によって，全体として交通事故が減少するとしても，交通事故が無くなることは考えにくいでしょう．何らかの形で人間が責任を負うという前提で，かなりの運転操作が自動化される，というのが当面の自動運転システムの普及の姿だろうと考えられます．

自動運転システムのような高度に自動化された支援システムを，人間はどのように利用すれば良いでしょうか．支援システムに100％頼り切ってしまうと，人間が本来持っていた能力が減退してしまうかもしれません．また，自動運転システムが想定していない状況に陥った時に，とっさに事態に対応することも困難でしょう．

そこで，支援システムを利用しつつも，周辺環境とシステムの動作にある程度注意を払って，危険な状況に陥らないように監視し続けることが必要となります．このような，「自動運転システムといかに共存するか」という問題にも，行動情報処理を活用できます．例えば，視線方向を計測して得られる視行動の情報を解析すれば，周辺環境に対する注意の低下を検出することができるのではないでしょうか．

次節では，視行動を利用して周辺環境に対する注意の程度を推定する実験を紹介します．また，6.3 節では自動運転システムに過度に依存した状態である過信状態について議論し，6.4 節では過信状態を検出する実験について紹介します．

6.2 視行動から周辺環境への意識を把握する

自動運転システムから支援を受けている状況下でも，100％ システムに頼るのではなく，環境の変化に注意を配りつつ，自動運転システムを監視することが必要です．周囲の環境の変化をどの程度意識しているかを知る手がかりとして，**視行動**（どこを見ているか）があります．例えば，漫然と運転している時は視線は前方に留まる傾向にあり，注意深く運転している時は状況に応じて視線を動かして，見るべき方向を確認しつつ運転していると考えられます．

このように，視線が環境の変化に対応して変化しているかどうかは，「周囲に注意を払っているか」，あるいは「漫然と運転していないか」ということの良い尺度となります．

多くの交通事故が「**漫然運転**」により引き起こされていると考えられます．周囲に十分な注意を払っていないために，とっさの事態に対する反応が遅れるということでしょう．筆者らは運転行動と視行動の信号を同時に解析することで，漫然運転を検出できると考えました．本節では漫然運転の検出に関する研究について紹介します．

まず 20 名の被験者に実験車両（図 3.7（b）に示した第 2 期実験車両）で高速道路を走行してもらい，約 1000 回の車線変更のデータを収集しました．次にこの 1000 回の車線変更の様子を録画した映像を 5 名の評価者に見てもらい，それぞれの車線変更の危険度を 5 段階で評価してもらいました．

その結果，1000 回の車線変更のうちで 5 名の評価者の危険スコアの合計が最も大きかった 50 回を「危険車線変更」，危険スコアの合計が最も小さかった 50 回を「安全車線変更」としました．これが実験のグランドトゥルースになります．危険と安全という 2 グループの車線変更データを使って，漫然運転と通常運転とを見分ける実験を行いました．

車線変更に伴う危険には様々な状況が考えられますが，「注意深く運転していれば危険な状況は避けられたはず」と考え，この実験では「危険な車線変更の原因は漫然とした運転にある」と仮定しました．なお，周辺車両が原因で起こる不可避な危険状況は，実験データに含まれていないことを映像から確認してあります．

分析には，4.3 節で用いた**隠れマルコフモデル**を使いました．**図 6.1** に示すように，車線変更信号を 5 つの区間に分割し，それぞれの区間でどのような信号が観測されたかを調べる方法です．4.3 節

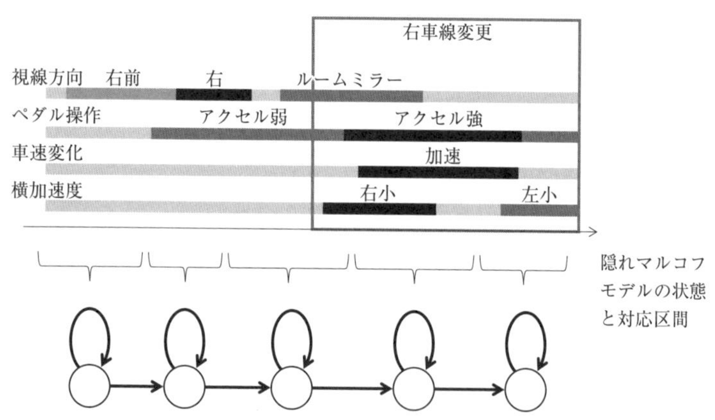

図 6.1　隠れマルコフモデルに基づく車線変更行動の解析．視行動，運転行動，車両挙動に関する４つの信号が，マルコフモデルの５つの状態から順次出力されるという性質を持つ．

では車線変更を 3 状態で表現しましたが，視行動，運転行動，車両挙動を組み合わせた信号を扱うためには，状態の種類を増やす必要があると考え，この実験では 5 状態の隠れマルコフモデルを用いました．隠れマルコフモデルの特徴は，状態間を移動する時刻，すなわち，それぞれの状態に対応する信号区間の境界を与えなくても，信号を自動的に分割して，それぞれの区間の性質を学習できることです．

5 つの状態は，「安全を確認して」，「適切な車両間隔を見つけ」，「合流する車線に速度を合わせ」，「車線を移動して」，「新しい車線の流れに乗る」といった行動に対応しますが，1 回ごとの車線変更において，それぞれの行動に必要な時間はまちまちです．隠れマルコフモデルは，このように一定の順序に従った手順が，異なる時間長で実行されるような行動の表現に適しています．

図 6.1 に示すように，分割された区間ごとに，視線方向，ペダル操作，車速変化，横加速度の 4 つの信号の頻度分布が学習されま

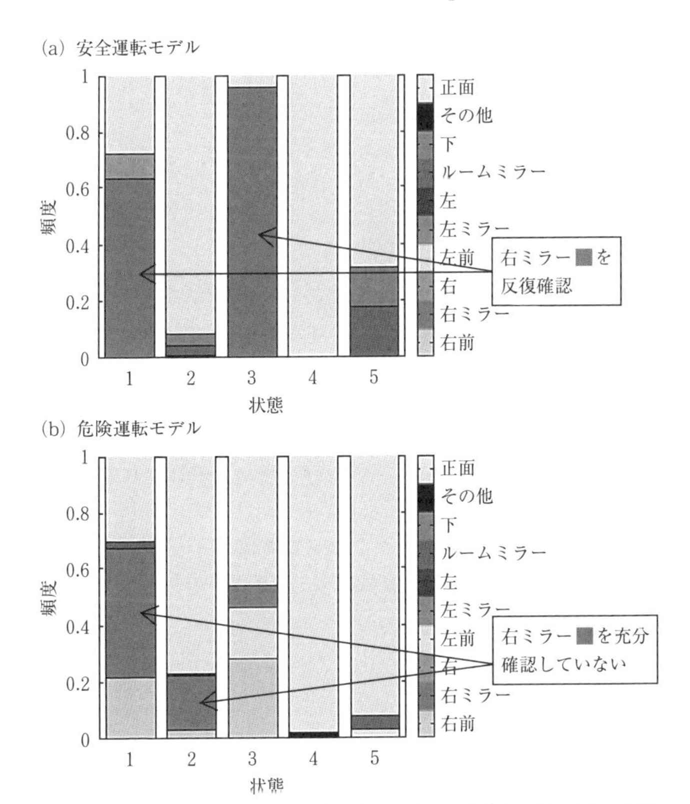

図 6.2 右車線変更時の視行動の状態ごとの分析．安全な車線変更時の行動の特徴として，(a) に示すように，反復して右ミラーを見る行動が確認された．

す．具体的に学習された結果は，例えば視線方向に関しては**図 6.2** のようになります．図 6.2 では，安全な車線変更データで学習した隠れマルコフモデルを「安全運転モデル」，危険な車線変更データで学習した隠れマルコフモデルを「危険運転モデル」としています．そして，それぞれについて 5 つの区間ごとに視線方向の頻度分布を表示しています．

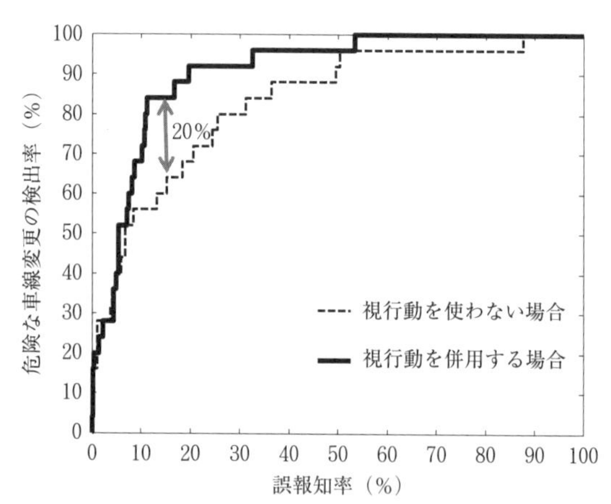

図 6.3　危険な車線変更の判定性能（右車線変更の場合）．視行動を併用することで，性能を 20% 以上改善することができる．

図 6.2 から，(a) 安全運転モデルは車線変更中に右ミラーによる安全確認を反復していることがわかり，(b) 危険運転モデルにはそのような傾向は見られません．このように，区間ごとの行動の分布が，安全運転と危険運転のそれぞれについて得られるわけです．

この 2 つの隠れマルコフモデルを使って，現在行っている車線変更が安全か危険かを自動判定することができます．具体的には，現在の車線変更が安全運転モデルから出力される確率と，危険運転モデルから出力される確率とを比べて，危険運転モデルから出力される確率の方が一定の閾値以上に高ければ，危険な車線変更と判定するのです．

特にこの分析では，視行動，運転行動，車両挙動に関する信号を同時に観測しているので，「周辺の状況に適切に注意を払って運転しているか」という観点から車線変更を評価できるわけです．

実験の結果得られた，危険な車線変更の判定精度を**図 6.3** に示します．縦軸は**検出率**（危険な車線変更のうち，何 % をシステムが危険と判定できたか）を，横軸は**誤報知率**（システムが危険と判定した車線変更の中に，危険ではない例が何 % 含まれるか）を表しています．検出の閾値を小さくすれば，より多くの危険な車線変更を検出することができますが，実際には危険でない車線変更を危険と判定する「誤報知」の割合も大きくなります．

図 6.3 から，誤報知率が 15% の場合，視行動を併用することで 85% の危険な車線変更を検出できることがわかります．この性能は，視行動を使わない場合よりも 20% 程度高い性能です．このことから，視行動は周囲の状況に対する注意の程度を知るために有効な情報であることが確認できたと考えられます．

6.3 自動運転システムへの過信とは

前節の結果は，運転行動や車両挙動と併せて視行動を分析することにより，「周囲の状況にどれだけ注意を払っているか」を計測できることを示唆しています．視行動を手掛かりに，運転にどれだけ意識を集中しているかを評価する技術は，自動運転システムへ過度に依存した**過信状態**を検出することにも使えるのではないでしょうか．なぜならば，自動運転システムに 100% 頼り切った状態では，周辺環境にはとんど注意を払わなくなると考えられるからです．過信状態を検出するには，「自動運転システムを過信する」状態とはどのような状態なのかを，はっきりさせる必要があります．

過信のグランドトゥルース

過信状態がどのような状態なのかをはっきりさせるということは，前章で紹介したグランドトゥルースに通じる難しい課題です．そこで，筆者らは自動車部品メーカーの研究者と協力して，ドライビングシミュレーター上で**自動車線変更システム**を使った実験を行

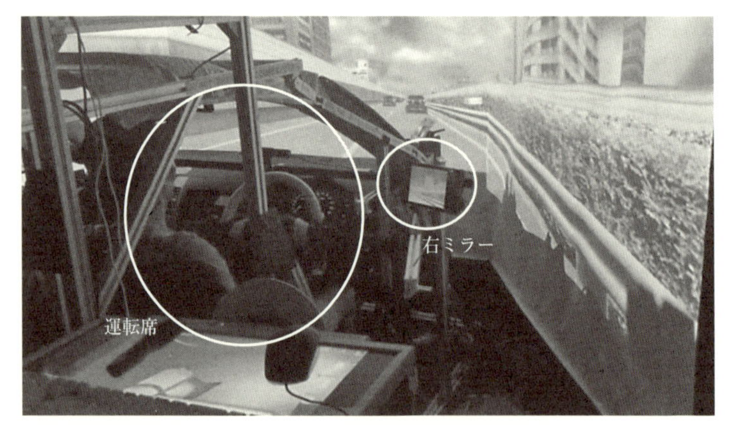

図 6.4　自動車線変更システムを使った過信計測実験に用いたドライビングシミュレーター.（写真提供：名古屋大学大学院工学研究科・鈴木達也研究室）

うことにしました（**図 6.4**）.

実験では，自動車線変更システムを様々な設定（そのまま自動運転システムが運転すれば交通事故を起こすような危険な設定も含まれる）で動作させました．実験参加者は危ないと感じた時にブレーキやハンドル操作を行うことで，自動車線変更システムを止めて，自分自身の運転に切り替えることができます．

この実験では，自動運転システムを使わずに車線変更を繰り返す運転行動も合わせて記録しました．そして**図 6.5** に示すように，この 2 つの条件（手動運転時と自動運転時）における車線変更を「する／しない」判断の違いの大きさを「自動運転システムを過信する」程度だと考えました．すなわち，

(1) 通常，自分で運転している時には，「これ以上危ないと思ったら車線変更しない」という危険に対する許容限度がある（車線変更を「する／しない」の境界）．

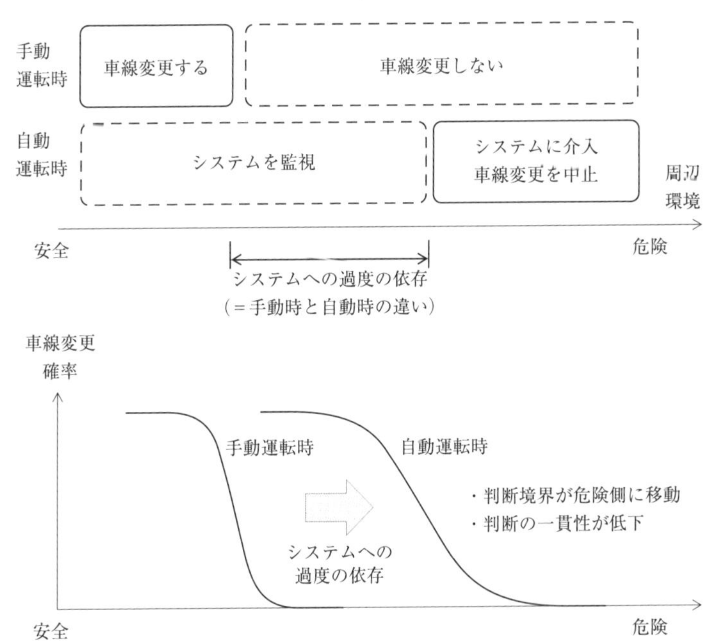

図 6.5　手動運転時と自動運転時の比較．手動運転時の車線変更確率（車線変更「する／しない」の割合）と自動運転時の車線変更確率（「監視する／介入する」の割合）との差が大きいほど，自動運転システムに過度に依存していると考えられる．

(2) 自動運転を監視している時も，許容限度を超えた危険状況で車線変更しようとした時には，ブレーキやハンドルで自動運転システムに介入するはずである（監視と介入の境界）．

(3) 自動運転システムに過度に依存してしまうと，通常であれば受け入れないような状況でも，自動運転システムの車線変更を受け入れてしまう（許容限度が危険側に変化し，判断の一貫性も低下する）．

この考えから，車線変更を「する／しない」の判断を手動運転時と自動運転時とで比較し，その差を自動運転システムへの依存度とすることにしました．

具体的な実験結果を**図 6.6** に示します．図 6.6 は周辺環境（割り込み先の車間距離と車線間の速度差）を様々に変化させる中で，(a) 手動運転時に運転者が車線変更を「したか，しなかったか」，(b) 自動運転時に「自動運転システムに介入したか，しなかったか」を表しています．

図の左上の領域は，車間距離が長く，速度差も小さい環境に対応することから，安全に車線変更できる状況といえます．反対に右下の領域は，車間距離が短く，速度差も大きいことから，車線変更を行うことが危険な状況といえます．図中の太線は車線変更を「する／しない」の判断境界に対応します．

この図から，自動運転時の判断境界が手動運転時よりも右下に移動していることがわかります．つまり，より危険な状況での車線変更を受け入れています．

また，図 6.6 の細線は，車線変更を行う確率を高さで表した等高線です．自動運転時は等高線の間隔がより広いことから，確率の勾配が緩やかであることがわかります．このことから，自動運転時には車線変更を「する／しない」の判断が手動運転時ほど一貫していないと考えられます．

これらの結果から，「自動運転システムへの過信」の大きさは，手動運転時と自動運転時の車線変更行動の違いによって，実験的に数値化できると考えられます．

(a) 手動運転時

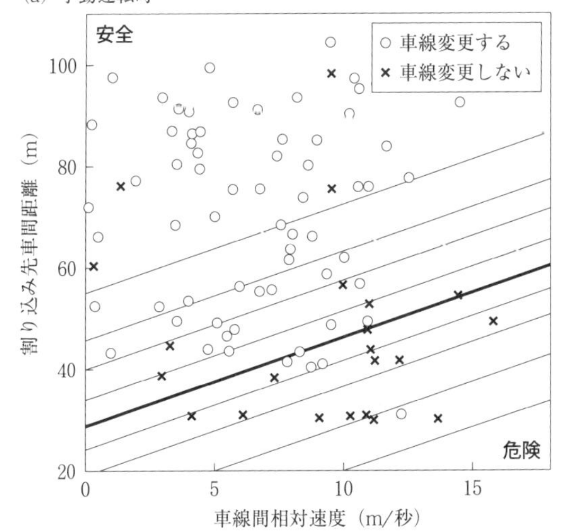

(b) 自動運転時

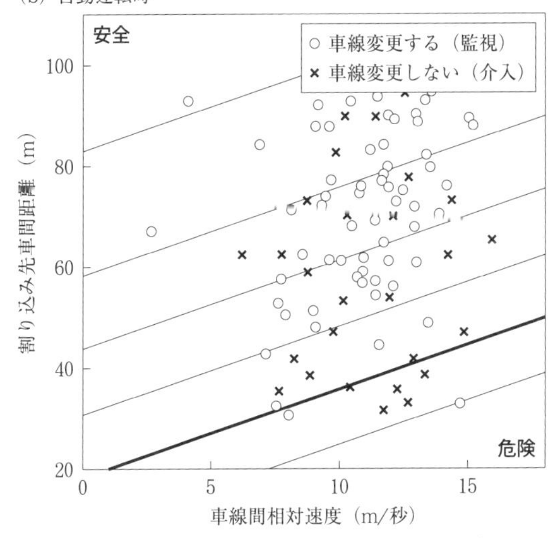

図 6.6　手動運転時と自動運転時の車線変更行動の違い.

6.4 行動情報処理により過信を検出する

前節で述べたように，筆者らは「自動運転システムに対する過度の依存は，自動運転システムを過信した結果」と考えています．過信は，本来依存すべきでない状況でシステムに依存してしまう原因となり，今後様々な支援システムが普及する上で大きな問題を生む可能性があります．例えば，地図が更新されていない環境でカーナビの指示どおりに運転するなど，本来システムが想定していない環境下でシステムに依存してしまうのは，その顕著な一例です．

筆者らは行動情報処理を使って，このような過信状態を検出できるのではないかと考えています．そのための研究は緒についたばかりですが，本節では視行動を分析し，環境をどの程度意識しているかを手掛かりにして，過信状態を検出する試みを紹介します．

前節で述べた自動車線変更システムを使った実験では，運転者の視線の動きも計測しました．計測したデータを使って，手動運転時と自動運転時の視行動を分析した結果，**図 6.7** に示すように，手動運転時は「車線変更を行う時点で」素早く周辺環境を確認する一方，自動運転時は「車線変更のタイミングに関係なく」高頻度で周辺に視線を向ける傾向が見られました．

そこで，6.2 節と同様に隠れマルコフモデルを用いて，手動運転時の視行動を時系列に沿った分布として学習し，「手動運転時の視行動モデル」としました．そして観測された車線変更時の視行動信号が，この隠れマルコフモデルから出力される確率が低いほど，その行動が手動運転から逸脱していると考えることにしました．

このようにして計算した手動運転時との「視行動の違い」と，前節で議論した「自動運転システムに対する過信」との対応を，15 名について図示したのが**図 6.8** です．横軸は隠れマルコフモデルを

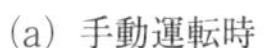

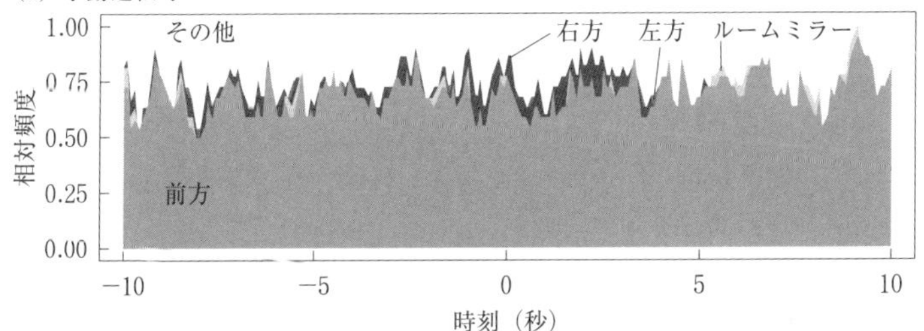

(b) 自動運転時

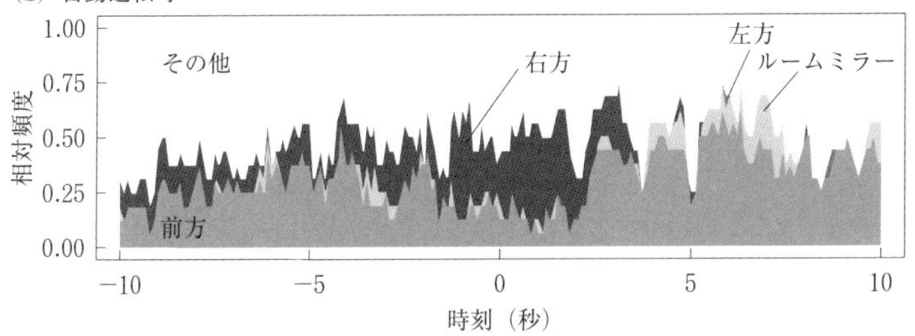

図 6.7　車線変更に伴う視行動．時刻 0 が車線変更のタイミングを表しており，その前後 10 秒の視線配分の結果を示している．分析の結果，手動運転時（a）は車線変更を行うタイミングで素早く周辺環境を確認しているのに比べて，自動運転時（b）は前方を見る頻度が低く，周辺に視線を向けていることが確認される．

用いて計算した視行動の手動運転からの逸脱の程度を表し，縦軸は図 6.6 の等高線の間隔の広さ，すなわち車線変更を「する／しない」の判断の一貫性の低下を表しています．

図 6.8 から，視行動の違いが大きい被験者ほど，自動運転時の車線変更を「許容する／しない」判断が一貫しなくなる傾向，つまり「過信傾向」があることが明らかになりました．周辺環境にあまり注意を払っていないことが原因と考えられます．

筆者らは，この実験を通じて，行動を信号として情報処理することで，支援システムに過度に依存している過信状態を検出できる可

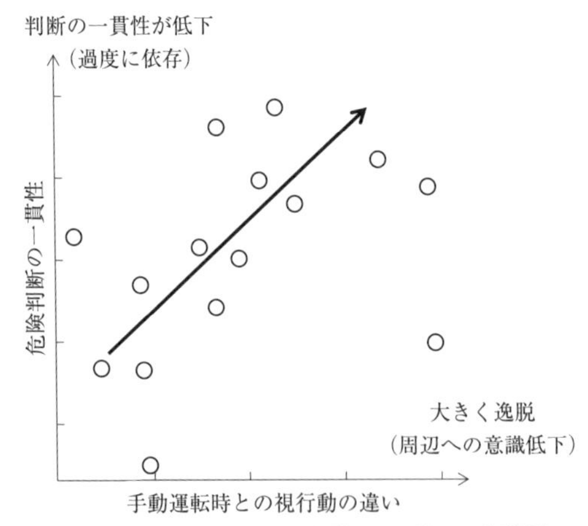

図 6.8　視行動が手動運転モデルから大きく逸脱するに従い，自動運転システムに対して過度に依存する程度がより大きくなることが確認できる．

能性が示されたと考えています．しかし，まだ少数サンプルの傾向として把握されたにすぎません．まだまだ多くの研究が必要です．

参考文献

[1] ウィリアム・T. オドノヒュー，カイル・E・ファーガソン 著，佐久間徹 監訳『スキナーの心理学—応用行動分析学（ABA）の誕生—』，二瓶社，2005.

[2] ノーバート・ウィーナー著，池原止戈夫，彌永昌吉，室賀三郎，戸田巌 訳『サイバネティックス—動物と機械における制御と通信』，岩波文庫.

[3] 早川昭二，原田将治，松尾直司，武田一哉，降籏喜和男「振り込め詐欺を未然に防ぐ ICT 技術」，電子情報通信学会誌，Vol.98, No.7, pp.584-589, 2015.

[4] 樋口龍雄，川又政征『Matlab 対応デジタル信号処理』，森北出版，2015.

[5] 馬杉正男『信号解析—信号処理とデータ分析の基礎』，森北出版，2015.

[6] 宮島千代美，武田一哉「運転行動データベースの構築とその応用」，システム制御情報学会誌，Vol.55, No.1, pp.20-25, 2011.

[7] 尾崎晃，草川高志，西脇由博，マルタルーカス，宮島千代美，西野隆典，北岡教英，伊藤克亘，武田一哉「自動車運転のマルチモーダル信号収録装置の開発」，電子情報通信学会論文誌，Vol.J93-D, No.10, pp.2118-2128, 2010.

[8] 西脇由博，宮島千代美，北岡教英，武田一哉「確率的手法を用いた車線変更軌跡のモデル化」，情報処理学会論文誌，Vol.51, No.1, pp.131-140, 2010.

[9] 例えば，岡谷貴之『深層学習』，講談社，2015.

あとがき

読者の皆様は，本書を手に取られた時，「行動情報処理」という言葉から，どのような技術を想像されたでしょうか．恋愛やマーケティングのような，社会的な行動の分析方法を想像された方も多かったかもしれません．筆者は理工学分野に身を置くため，残念ながら心理学や経済学に基づいて行動を分析する視点を十分に示さぬまま，本書の執筆を終えなくてはなりません．

しかし，データ中心科学の方法は様々な学術分野に適用可能です．本書の内容に不足を感じた読者の方には，ぜひ幅広い学術分野に興味を広げ，筆者らの研究の先を進めていただきたいと思います．

例えば1つの方向として，近年，人間の活動を司る「脳」の研究が進み，脳科学は医療やゲームに応用されるに至っています．この脳の機能を模擬する「ニューラルネットワーク」を用いた映像や音声の認識技術が，従来を大きく上回る性能を達成して注目を集めています．深層学習とも呼ばれるこの技術の特徴は，極めて大量のデータを使って認識システムを学習する点であり，データ中心科学の重要な技術の1つになりつつあります [9].

本書では，行動をシステムに対する入出力で説明する立場に立ちました．システムをニューラルネットワークで表現することで，行動の分類や予測がより高い精度で可能になるとともに，脳科学の成果を活かした行動の理解が発展することも期待されます．

本書で紹介したとおり，意図や個性を含めて，人間の行動をシステムとして理解する「行動情報処理」の研究は，詐欺通話の検出や自動車の運転支援のように，人間を「見守り・助ける」技術に直接役立ちます．

一方で，人間を「見守り・助ける」技術が広く社会に普及するためには，基本的な課題があります．何よりデータ中心科学の限界は，データに含まれない状況に対応するのが難しい，ということです．実用上，全ての可能性を網羅するような大規模なデータを集め続けなくてはなりませんが，それでも認識や分類の精度が100％になることは期待しづらく，間違いがあることを前提にして，人間と支援システムとの協調を実現するような研究が必要となります．情報やプライバシーを保護しつつ，人間を見守ることも容易ではありません．

つまり，これからの行動情報処理の研究は，実験室での理論的な研究に留まらず，実社会の様々な問題への応用を目指して進められる必要があります．そのためには，1人でも多くの学生や若い研究者が行動情報処理に興味を持ち，研究・開発を進めることが必要です．そして人間を「見守り・助ける」様々なシステムが広く社会に普及し，誰にとっても，今より豊かで，優しく，活力ある社会が実現されることを願って止みません．

人間の行動にコンピューターで迫る

コーディネーター　土井美和子

私は共立スマートセレクション（情報系）で，人間情報学のコーディネーターを務めています．

人間情報学では，人間の認知・知覚情報処理，脳科学，インタフェースデザイン，ヒューマンインタフェース，ロボットとのインタラクションについて，本シリーズでの発行を予定しています．

その先陣を切って，まずは認知・知覚情報処理にて名古屋大学の武田一哉先生による『行動情報処理―自動運転システムとの共生を目指して―』が刊行のはこびとなりました．

コーディネーターとして，スマートセレクションの執筆をどなたにお願いするか悩みどころ満載でしたが，まずは共立出版の目指す，「役立ち，信頼できて身に付く，新鮮なシリーズ」というコンセプトに沿えるように基準を決めました．

第一は，新鮮なものにするために，コーディネーターより若い方（当然年下になるでしょう…という突っ込みはなしで）にお願いするということです．第二は，役立つものにするために，私たちの身近にある製品やシステムなどの関わる技術の研究開発をしている方です．さらに製品やシステムは，できれば多くの方に関心を持ってもらえるものがベストです．そして第三は，信頼できて身に付くようなものにするために，役立つ技術の根幹にある要素技術と，それを具体的にどのように製品やシステムとして構築していくかという，要素と全体の関わりを説明していただける方です．

この基準に従って，認知・知覚情報処理のテーマとしては，それが深くかかわる実例として，ロボットカーなどで注目を集めている自動運転に関わるものを取り上げようと決めました．しかもビッグデータと絡んでいるものです．ただし，Web データの機械学習は別分野で多くの研究者が行っているので，Web データ以外で，機械学習と異なる方法でビッグデータに挑んだものにしたいと考えました．

この基準に合致した方が，確率モデルを使って車の運転行動を研究されている武田先生でした．お忙しい先生ですが，お願いしたところ，ちょうど今までの研究をまとめたいと思っていたという絶妙なタイミングであり，お引き受けいただくことができました．

流行に波があるように，先端技術にも波があります．ロボット，3 次元映像，AI（Artificial Intelligence），VR（Virtual Reality）など，10～20 年ごとに盛り上がります．2015 年に多くのデバイスが製品化されたウェアラブルコンピューターについても同様です．

私がウェアラブルコンピューターの研究開発に手を付けたのは 1999 年です．加速度センサーなどを使って人間の行動を明らかにし，健康管理を行うことが目的でした．本書の著者である武田先生が運転行動データ収集プロジェクトを始めたのと同じ年です．

この頃からテキスト・音声・画像以外のデータを収集し，人間の行動を明らかにする研究が始まりました．振り返ってみると情報処理は，ワードプロセッサーや機械翻訳，検索など，人間が陽に意識してコンピューターに与えた（入力した）情報の処理が中心でした．コンピューターの使用される場面はオフィスや工場などの現場が主であり，対象となるのが仕事のための情報であったので，意識して入力された情報であるのは必然でした．

しかし，コンピューターがデスクトップ，ラップトップ，ノートブックと小型化し携帯可能になってくると，使用場面は仕事だけでなく，家庭や街中のカフェ，電車へと変化してきました．仕事というある意味定型化された対象から，日常生活という非定型な対象に移行していくことが見えていました．

オフィスや現場では，設計図面，仕様書やマニュアルなど形式化された知識があり，仕事の手順があるので，これらの形式知や手順のデジタル化から手を付けることができました．しかし，家庭や街には，オフィスや現場にあるような仕様書やマニュアルはありません．整備されたデータとして存在するのは地図ぐらいでした．なので，Amazon はオンラインショッピングのデータを，Google は検索のデータを収集し，日常生活の分析を始めたわけです．

Amazon や Google は人間が意識した入力データを扱いますが，私は人間の無意識な行動を知ることで，日常生活を明らかにしたいと考えました．とはいえ，やみくもにデータ収集しても，人間行動がわかるわけではなく，仮説をたて，その仮説を立証するようデータ収集を行わねばなりません．

そこで私が立てた仮説は，健康管理のための食事動作の検出，あるいは睡眠深度の検出でした．当時から加速度センサーを使って歩行数を計測する万歩計はありましたが，腰につけることが前提でした．しかし，腰だと歩行や走行は安定して検出できるのですが，腕の動きが検出できず，歩行や走行以外の作業が検出できません．腕につけて，なおかつ安定的に歩行や走行を検出し，他の作業，特に食事を検出したいと，腕に装着するデバイス（次ページの図）を作るところから始めたわけです．

私の研究対象が健康管理や睡眠深度の検出であったのに対し，本書の著者である武田先生は自動車に注目し，安全（あるいは危険）な運転行動の検出を研究対象にされました．私たちが腕時計型のデ

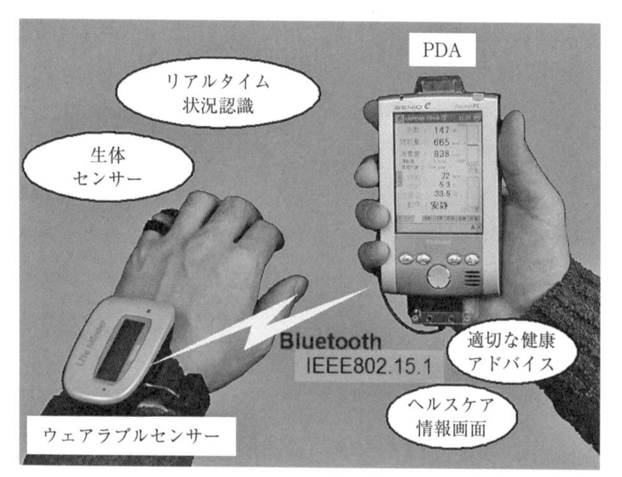

図　2001 年試作ウェアラブル健康管理システム（写真提供：東芝）.

バイスを試作したのに対し，武田先生たちは運転中の人間の行動データを収集する車を試作されました（図 3.7）．今はスマートフォンさえあれば，GPS で位置情報，マイクで音情報，カメラで映像情報，と多くの情報を収集できますが，当時はまずデータ収集のための装置や環境づくりから始めなければならなかったのです．

集めたデータは複数の時系列の信号です．どのように処理すれば良いのでしょうか？　信号処理は難しいと苦手に思っている読者の方は，ぜひ第 2 章を読んでください．信号を順序づけられた数値として事象を表現し，事象間の因果関係を確率的に扱う基礎技術が理解できます．

すでに基礎技術を理解している方は第 2 章は飛ばして第 3 章以降に進んでください．第 3 章では行動から個性を知ること，第 4 章では行動を予測すること，第 5 章では行動から人の状態を推定することが記述されています．

「彼は決断力がある」とか「あの人は短気だ」とか，人間はいろいろな場面で人の個性を判断しています．自動車の運転に関しても，慎重な運転をするとか，乱暴な運転をするとか個性があります．人間は判断した行動の個性を言葉で表現できますが，視覚化することはできません．そこで武田先生たちは，車間距離と運転速度を複数の正規分布の重ね合わせで表現することで，2 人のドライバーの運転行動を可視化しました（図 3.6）．さらに個性を分析することで，ドライバーが誰かを識別できたのです．

アクセルやブレーキペダルの踏み方で誰が運転しているかわかると言われても，すぐには納得できないですね．しかし武田先生は，図 3.10 にあるようにペダルの踏み方で，75% 以上の精度で識別化できることを示しています．これを実証するために，276 名のドライバーのデータを集めたのですから，大変なことです．

運転行動が予測できれば，危険な運転を行っている場合はブレーキをかけるなど，安全な運転に導くことが可能となります．それに挑戦しているのが第 4 章です．個性を判定するのに用いた混合正規分布を用いて行動を予測し（図 4.2），0.1 秒先の行動を予想したのが図 4.3 です．

車間距離を気にしない運転でも，一定に保とうとする運転でも，車間距離や速度，アクセル操作が，かなり正確に予想できている（図 4.3 の実線は実データ，点線は予測データ）ことがわかります．しかし，断続的な行動であるブレーキ操作は，この方法ではあまりうまく予想できないようです．まだまだ研究しなければならないことがあるのは，研究者冥利に尽きます．

さらに複雑な運転行動である車線変更を予測するには，音声認識で使われている隠れマルコフモデルを使います．音声認識が専門である武田先生にとってはなじみある手法です．

第 5 章では，さらに踏み込んで，行動から人間の状態を推定します．実は武田先生は，話す内容と上ずった声から，振り込め詐欺の通話（振り込め詐欺誘引通話）かどうかを判定することに成功しています（1.2 節）．

運転中イライラしていると危険です．イライラしているかどうかが生理的にどのような状態なのかを計測するために，車に汗や皮膚電位といった生理量を計測する装置を追加し，運転状態をビデオ撮影します．被験者は自分がイライラしていたかを，運転後にビデオを観て判断します．この申告に従って，環境（駐車車両が多いなど），表情，生理量，運転行動に基づいて学習します．

この学習が正しいかどうかは，別の被験者たちのデータで検証します．図 5.2 にあるように，イライラ度が 50% 以上のところを，80% の精度で検出できました（図 5.3）．表情と生理量だけを用いた従来方法がわずか 57% であるのに対し，環境と運転行動が加味されることで，20% 以上精度が上がるとは驚きです．

表情と生理量はイライラした結果の表れですが，環境と運転行動はイライラ原因になっています．原因と結果の両方を取り入れると，行動から人間の状態がわかるというのは，非常に興味深いことです．

第 6 章では，第 3 章から第 5 章で示した成果を自動運転システムに応用することについて説明しています．車線変更行動における視線方向，ペダル操作，車速変化，横加速度の 4 種のデータから作成した隠れマルコフモデルの状態から，85% の精度で危険な車線変更であることが検出できました（図 6.2）．視線方向なしだと精度は 20% 低くなります（図 6.3）．言葉にすると，「きちんとミラーを見ているかが重要である」と至極当然のことになってしまいますが，それが定量的に実証できたことに大きな意味があります．

本書では，運転行動に限った行動情報処理が紹介されていますが，この解説でも触れた結果は，自動車の運転だけでなく，他の人間行動にも適用が可能です．行動情報処理を行うには，行動に影響を及ぼしている原因と，その結果を示す事象を的確に計測する必要があります．本書では，その的確な計測と分析によって，従来よりも 20% 以上の高精度で，「イライラ」といった人間の状態が推定できることを示しています．

本書が，人間に興味をもっているがどのように研究したら良いだろうかと迷っている学生の皆さんや，日頃，実験がうまくいかないと悩んでいる研究者や技術者など，多くの方に研究の方向性を与えることができればと私は期待しています．また，次にどのような研究や仕事をしようと模索している方の，何らかのヒントやきっかけにもなれば幸いです．

そして，「行動情報処理って面白そう」と興味を持っていただいた読者に感謝して，本解説を終了します．

本書をご執筆いただいた武田一哉先生，コーディネーターの機会を与えていただいた共立スマートセレクション（情報系分野）企画委員会の西尾章治郎先生，喜連川優先生，原隆浩先生，共立出版の皆様に深く感謝します．

索　引

【か】

確率分布関数　36
隠れマルコフモデル　54, 67
過信状態　71
機械学習　23
教師データ　22
グラフィカルアプローチ　29
グランドトゥルース　61
結合分布　37
ケプストラム分析　43
検出率　70
誤報知率　71
混合正規分布　37

【さ】

差分信号　50
閾値　21
視行動　66
システム　6
システム推定問題　32
自動運転システム　65
自動車線変更システム　71
周波数応答　34
信号　14
正規分布　36
z 変換　33
線形回帰　20
線形判別　22
相平面　24

【た】

単振動　24
データ中心科学　3
伝達関数　34
伝達特性　32

【は】

判別分析　21
ヒストグラム　35
微分方程式　23
ブラインドシステム推定　43
分布のサンプリング　56
ベイズの定理　27

【ま】

漫然運転　67

【や】

有理多項式　33

【ら】

離散時間信号　15

【わ】

ワードスポッティング　8

著　者

武田一哉（たけだ　かずや）

1985年　名古屋大学大学院工学研究科博士前期課程修了

現　在　名古屋大学大学院情報科学研究科 教授 博士（工学）

専　門　行動信号処理

コーディネーター

土井美和子（どい　みわこ）

1979年　東京大学大学院工学系研究科修士課程修了

現　在　国立研究開発法人情報通信研究機構 監事 博士（工学）

専　門　ヒューマンインタフェース

共立スマートセレクション6

Kyoritsu Smart Selection 6

行動情報処理

―自動運転システムとの共生を目指して―

Behavior Informatics

2016年1月25日　初版1刷発行

検印廃止

NDC 007, 537, 548.3

ISBN 978-4-320-00907-3

著　者　武田一哉　© 2016

コーディネーター　土井美和子

発行者　南條光章

発行所　**共立出版株式会社**

郵便番号　112-0006

東京都文京区小日向4-6-19

電話　03-3947-2511（代表）

振替口座　00110-2-57035

http://www.kyoritsu-pub.co.jp/

印　刷　大日本法令印刷

製　本　加藤製本

一般社団法人
自然科学書協会
会員

Printed in Japan